CorelDRAW X7
平面设计实例教程

主 编 刘荣肖

北京理工大学出版社
BEIJING INSTITUTE OF TECHNOLOGY PRESS

图书在版编目(CIP)数据

CorelDRAW X7 平面设计实例教程 / 刘荣肖主编. —北京：北京理工大学
出版社，2018.9
ISBN 978－7－5682－5504－2

Ⅰ.①C⋯ Ⅱ.①刘⋯ Ⅲ.①图形软件–教材 Ⅳ.①TP391.413

中国版本图书馆 CIP 数据核字(2018)第 076896 号

出版发行 / 北京理工大学出版社有限责任公司
社　　址 / 北京市海淀区中关村南大街 5 号
邮　　编 / 100081
电　　话 / (010)68914775(总编室)
　　　　　 (010)82562903(教材售后服务热线)
　　　　　 (010)68948351(其他图书服务热线)
网　　址 / http://www.bitpress.com.cn
经　　销 / 全国各地新华书店
印　　刷 / 保定市铭泰达印刷有限公司
开　　本 / 787 毫米×1092 毫米　1/16
印　　张 / 10.5　　　　　　　　　　　　　　　责任编辑 / 张荣君
字　　数 / 227 千字　　　　　　　　　　　　　文案编辑 / 张荣君
版　　次 / 2018 年 9 月第 1 版　2018 年 9 月第 1 次印刷　责任校对 / 周瑞红
定　　价 / 49.00 元　　　　　　　　　　　　　责任印制 / 边心超

　　本书系统地介绍 CorelDRAW X7 的基础知识。 CorelDRAW 凭借其非凡的设计能力广泛地应用于商标设计、标志制作、模型绘制、插图描画、排版及分色输出等诸多领域。该软件经过多次版本的升级，其部分功能得到更好的拓展与完善，而 CorelDRAW X7 是其最新版本。

　　全书分为 9 章，主要包括认识 CorelDRAW X7、几何图形的使用与编辑、绘制和编辑曲线、编辑轮廓线和填充颜色、排列和组合对象、编辑文本、编辑位图、应用特殊效果、综合案例实训等内容。本书知识讲解由浅入深，将所有内容有效地分布在这 9 个章节中，书中大量的实例操作及知识解析都配有视频演示，让学生的学习变得轻松易行。

　　为帮助读者更好地学习本书内容，书中知识点讲解灵活，以案例为引导，将案例中用到的相关知识以"知识储备"的形式出现于各章节中。其中案例中有入门级案例还有实战级案例。入门级案例中讲解了与 CorelDRAW 相关的所有基础知识，包括平面的概念与术语、文档与页面的基本操作、线条与图形的绘制、颜色的应用、位图的处理等。通过这些案例，可让读者对 CorelDRAW 的功能有一个整体认识，并可绘制常用的矢量图和处理基本的图片。实战级案例与现实应用结合起来。每一个案例操作以步骤形式一步步引领大家掌握操作技巧与方法。每个主题下又包含多个实例，从而立体地将 CorelDRAW 与现实应用结合在一起。有需要的读者只需稍加修改即可将这些实用的案例应用到现实工作中。

本书各章后都有相应的练习题，使读者学习案例的同时再帮助大家拓展思路，复习知识点、灵活运用各个知识点，使读者的设计水平上升到更高的层次。

本书所有的实例操作均提供了视频演示，通过手机扫一扫即可在线观看。每章还提供了超值设计素材，并在书中指出了相对应的路径和视频文件名称，打开视频文件即可学习，打开素材包就有大量的案例。

本书适合于广大 CorelDRAW 初学者，以及有一定 CorelDRAW 经验的用户，可作为计算机专业的学生和培训机构学员的参考用书，同时也可供读者自学使用。

CONTENTS

第1章

第2章

第3章

第4章

第5章

第6章

第7章

第8章

第9章

第 1 章

认识 CorelDRAW X7

- CorelDRAW X7 概述
- 图形和图像的基础知识

现在，越来越多的图形图像设计软件被应用于平面设计的日常工作和学生学习中。目前，被广泛使用的软件有 CorelDRAW、Photoshop、AutoCAD、Illustrator、3ds Max 等。CorelDRAW 目前是设计人员最青睐的设计软件之一，它是加拿大 Corel 公司推出的一款著名的矢量绘图软件。在不断的完善和发展中，具备了强大而全面的图形编辑处理功能。

1.1 CorelDRAW X7 概述

1.1.1 CorelDRAW简介

CorelDRAW X7 是一款通用而且强大的图形设计软件。无论你是一位有抱负的艺术家还是一位有经验的设计师，其丰富的内容环境和专业的平面设计，照片编辑和网页设计功能可以表达你的设计风格和创意无限的可能性。全新的外观、新增的必备工具和增强的主要功能，CorelDRAW X7 打开了通往新创意的大门。CorelDRAW X7 设计了多个可反映你的自然工作流程的新工作区，以便可以随时随地方便地使用所需的工具。不管是创建图形和布局，还是编辑照片或设计网站，这套完整的图形设计软件均可帮助你按照自己的风格随心所欲地进行设计。

CorelDRAW X7 的启动方式和其他软件的启动方式相同。双击桌面上的 CorelDRAW X7 快捷方式启动或从"开始"菜单中的 →"CorelDRAW Graphics Suite X7"→"CorelDRAW X7"启动。

1.1.2 CorelDRAW X7的应用领域

CorelDRAW X7 的应用涉及广告设计、包装设计、服装设计、书籍排版及美术创作设计等领域。

1. 平面广告设计

平面广告设计就其形式而言，只是传递信息的一种方式，是广告主与受众间的媒介，其结果是为了达到一定的商业经济目的。CorelDRAW 所提供的工具能够帮助设计师在平面广告的创作上更加得心应手。使用 CorelDRAW 所设计的平面广告具有充满时代意识的新奇感，在表现手法上也有其独特性，如图 1-1 所示。

图1-1

2. 在工业设计中的应用

在工业设计方面，CorelDRAW 也广泛应用于工业产品效果图表现方面，如图 1-2 所示。矢量图最大的优势就是修改起来方便快捷，图像处理软件 Photoshop 在处理图像和做各种效果上的优势是毋庸置疑的，但如果面对需要进行多次方案调整的产品效果图而言，与 CorelDRAW 相比就要逊色一些了。CorelDRAW 的功能强大，使用方便，在渐变填色、渐变透明、曲线的绘制与编辑等方面具有突出的优势，而在进行工业产品效果图表现上，这些工具及表现手法也是最常用的。

图1-2

3. 在企业形象设计中的应用

企业形象设计意在准确表现企业的经营理念、文化素质经营方针、产品开发、商品流通等有关企业经营的所有因素。在企业形象设计方面，使用 CorelDRAW 所设计的企业 Logo、信纸、便笺、名片、工作证、宣传册、文件夹、账票、备忘录、资料袋等企业形象设计产品，能够满足企业形象的表现与宣传要求，如图 1-3 所示。

图1-3

4. 在产品包装及造型设计中的应用

产品包装及造型会直接影响顾客的购买心理，产品的包装是最直接的广告，好的包装设计是企业创造利润的重要手段之一。使用 CorelDRAW 进行如图 1-4 所示的产品包装设计，能够提高设计效率及品质，帮助企业在众多竞争品牌中脱颖而出。

图1-4

5. 在网页设计中的应用

随着互联网的迅猛发展，网页设计在网站建设中处于重要地位。好的网页设计能够吸引更多的人浏览网站，从而增加网站流量。CorelDRAW 全方位的设计及网页功能可以使得网站页面更加绚丽夺目，如图 1-5 所示。

图1-5

6. 在商业插画设计中的应用

在商业插画设计中经常会用到 CorelDRAW，如图 1-6 所示。该软件提供的智慧绘图工具及新的动态向导可以充分降低用户的操控难度，能够使用户更加简单精确地绘制图形对象。

7. 在印刷制版中的应用

CorelDRAW 在印刷制版中的应用也很广泛，如图 1-7 所示。该软件的实色填充提供了各种模式的调色方案，以及专色的应用、渐变、位图、底纹填充、颜色变化与操作方式，而该软件的颜色管理方案可以让显示、打印和印刷颜色达到一致。

图1-6

图1-7

8. 在排版设计中的应用

排版设计在 CorelDRAW 绘图软件中最多的应用就是字体和图案的排版，排版编辑最重要的就是可观性，如图 1-8 所示。CorelDRAW 对文字的支持可以无限地缩放，所以广告公司大多使用 CorelDRAW 绘图软件做最后的版式设计和文字处理。

图1-8

9. 在其他方面的应用

CorelDRAW 还可以广泛应用于按钮图标设计、字体设计、多媒体界面设计等领域中，如图 1-9 所示。

图1-9

1.2 图形和图像的基础知识

客观世界中，图可分为两类：一类是可见的图像，如照片、图纸和人们创作的各种美术作品等，对于这一类图，只能靠使用扫描仪、数字照相机或摄像机进行数字化输入后，才能由计算机进行间接处理；另一类是可用数学公式或模型描述的图形，这一类图可由计算机直接进行创作与处理。由此对应的图文件有两种：一种是存储图形信息的矢量图文件；另一种是存储图像信息的位图文件。

1.2.1 位图与矢量图

1. 位图

位图是由像素点组合而成的图像，一个点就是一个像素，每个点都有自己的颜色。位图和分辨率有着直接的联系，分辨率大的位图清晰度高，其放大倍数也相应增加。但是，当位图的放大倍数超过其最佳分辨率时，就会出现细节丢失，并产生锯齿状边缘的情况，如图 1-10 所示。

图1-10

2. 矢量图

矢量图是以数学向量方式记录图像的，其内容以线条和色块为主。矢量图和分辨率无关，它可以任意地放大且清晰度不变，也不会出现锯齿状边缘，如图 1-11 所示。

图1-11

1.2.2 色彩模式

在用 CorelDRAW 进行图形图像处理的时候，选择合适的色彩模式是作品在屏幕和印刷品上成功表现的重要保障，因此，了解一些有关色彩的基本知识和常用的视频色彩模式，对于生成符合人们视觉感官需要的图像无疑是大有益处的。

色彩模式是数字世界中表示颜色的一种算法。在数字世界中，为了表示各种颜色，人们通常将颜色划分为若干分量。由于成色原理的不同，决定了显示器、投影仪、扫描仪这类靠色光直接合成颜色的颜色设备和打印机、印刷机这类靠使用颜料的印刷设备在生成颜色方式上的区别。

色彩模式分为 CMYK 模式、RGB 模式、HSB 模式、Lab 颜色模式、灰度模式、位图模式、索引颜色模式、双色调模式和多通道模式。

1. CMYK 模式

从事过印刷行业的人对这种模式应该比较熟悉了，这种色彩模式在印刷时用了色彩学中的减法混合原理，通过反射某些颜色的光来吸收另外一些颜色的光而产生不同颜色的一种色彩模式。其中 C 指青色（蓝色）、M 指洋红色、Y 指黄色、K 指黑色。CMYK 模式是印刷彩色图像时最常用的色彩模式，这是因为在印刷彩色图像时要进行四色分色。平面设计人员在设计彩色印刷图像时用的就是这种色彩模式，如图 1-12 所示。

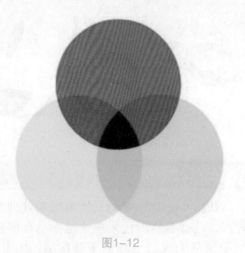

图1-12

2. RGB 模式

RGB 模式是工作中使用最广泛的一种模式，它通过红、绿、蓝 3 种色彩的叠加而形成更多的颜色，因此被大家称为加色模式，其中 R 指红色、G 指绿色、B 指蓝色。这种色彩模式中，RGB 的色彩数值越大，颜色越浅，数值越小，颜色越深，用公式表示就是 R+G+B = 0（黑色）→ 255（白色）。在编辑图像时，RGB 色彩模式是最佳的选择，现在计算机上的显示器用的就是这种色彩模式，如图 1-13 所示。

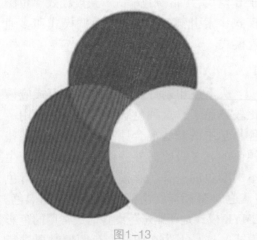

图1-13

3. HSB 模式

HSB 模式是根据日常生活中人眼的视觉对色彩的观察而制定的一套色彩模式，最接近人类对色彩辨认的思考方式，所有的颜色都是用色彩三属性来描述的。其中 H（色相）是指从物体反射或透过物体传播的颜色，S（饱和度）是指颜色的强度或纯度，表示色相中灰色成分所占的比例，B（亮度）是指颜色的相对明暗程度，通常，100% 定义为白色；0% 定义为黑色。

4. Lab 颜色模式

制定的一个衡量颜色的标准，解决由于使用不同的显示器或打印设备所造成的颜色差异。颜色范围（色域）为 Lab>RGB>CMKY。Lab 色彩模式和设备无关，Lab 不依赖于设备，不管使用什么设备（如显示器、扫描仪或打印机）创建或输出图像，这种颜色模式产生的颜色都保持一致。

5. 灰度模式

与位图图像相似，灰度色彩模式也用黑色与白色表示图像，但在这两种颜色之间引入了过渡色（灰色）。灰度模式只有一个 8 位的颜色通道，通道取值范围为 0%（白色）~100%（黑色）。可以通过调节通道的颜色数值产生各个评级的灰度。

而在 CorelDRAW 中，转换色彩模式的方法很简单，首先在 CorelDRAW 中打开文件，然后在菜单栏中选择"位图"→"模式"命令，如图 1-14 所示。

图1-14

1.2.3　文件格式

不同的软件有着不同的文件格式，文件格式代表着一种文件类型。通常情况下，可以通过其扩展名来进行区别，如扩展名为 .cdr 的文件表示该文件是 CorelDRAW 文件，而扩展名为 .doc 的文件表示该文件是 Word 文档。本节将介绍 CorelDRAW 的几种文件格式。

在 CorelDRAW 软件中，可以生成多种不同格式的文件。如果要生成各种不同格式的文件，需要用户在保存文件时选择所需的文件类型，然后程序将自动生成相应的文件格式，CorelDRAW 的文件格式有很多种，下面介绍经常用到的几种文件格式。

在 CorelDRAW 软件中，从菜单栏中选择"文件"→"导出"命令，可在"导出"对话框中的"保存类型"下拉列表中查看所有的文件格式，如图 1-15 所示。

图1-15

1. CDR 格式

CDR 格式是 CorelDRAW 软件生成的默认文件格式，它只能在 CorelDRAW 中打开。

2. TIFF 格式

TIFF 格式是一种无损压缩格式，能存储多个通道，可在多个图像软件之间进行数据交换。

3. JPEG 格式

JPEG 通常简称 JPG，是一种标准格式，允许在各种平台之间进行文件传输。它是一种较常用的有损压缩格式，支持 8 位灰度、24 位 RGB 和 32 位 CMYK 颜色模式。由于支持真彩色，在生成时可以通过设置压缩的类型，产生不同大小和质量的文件，主要用于图像预览及超文本文档，如 HTML 文档。

4. GIF 格式

GIF 格式能够保存为背景透明化的图像形式，可进行 LZW 压缩，使图像文件占用较少的磁盘空间，传输速度较快，还可以将多张图像存储为一个文件形成动画效果。

5. BMP 格式

BMP 格式是一种标准的点阵式图像文件格式，以 BMP 格式保存的文件通常比较大。

6. PNG 格式

PNG 格式广泛应用于网络图像的编辑，可以保存 24 位真彩色图像，具有支持透明背景和消除锯齿边缘的功能，可在不失真的情况下进行压缩并保存图像。

7. EPS 格式

EPS 格式为压缩的 PostScript 格式，可用于绘图或排版，最大的优点是可以在排版软件中以低分辨率预览，打印时以高分辨率输出。

8. PDF 格式

PDF 格式可包含矢量图和位图，可以存储多页信息，包含图形、文档的查找和导航功能。该格式支持超文本链接，是网络下载经常使用的文件格式。

9. AI 格式

AI 格式是一种矢量文件格式，它的优点是占用硬盘空间小，打开速度快，方便格式转换。

第 2 章

几何图形的使用与编辑

- ■绘制手机外观
- ■梦幻壁纸设计
- ■小鸡萌萌哒设计
- ■课堂练习——绘制笑脸图案

CorelDRAW 提供了一整套的绘图工具包括矩形、圆形、多边形、方格、螺旋线，并配合一些工具可以做出更多的变化，如圆角矩形、弧形、扇形、星形等。同时也提供了特殊笔刷，如压力笔、书写笔、喷洒器等。为便于设计需要，CorelDRAW 还提供了整套的图形精确定位和变形控制方案。这给商标、标志等需要准确尺寸的设计带来极大的便利。本章将通过"绘制手机外观""梦幻壁纸设计""小鸡萌萌哒设计"3 个案例来详细讲解 CorelDRAW 中基本图形的使用和编辑技巧。

在 CorelDRAW 中大多数绘图工具在绘制时使用方法都是一样的，所以为了避免重复，下面将工具的共同点总结如下。

（1）用鼠标在工具箱中选中所需要的工具。

（2）将鼠标移动到绘图页面中，用拖动的方式就可以绘制出所需的图形对象。

（3）按住 Ctrl 键拖动鼠标，即可绘制出该图形的正方形。

（4）按住 Shift 键拖动鼠标，即可绘制出以鼠标单击点为中心的图形。

（5）按住 Ctrl +Shift 组合键后拖动鼠标，则可绘制出以鼠标单击点为中心的正方形。

2.1 绘制手机外观

2.1.1 任务分析

一部智能手机的外观大多由矩形、圆形等形状来构成，外观简洁大方。本书第一个任务先让大家使用矩形、圆形绘制工具和颜色填充工具绘制一个智能手机外观，效果如图 2-1 所示。

由于是第一个任务，任务中所用到的知识点有些地方可能并没有讲到，但大家跟着任务一步步操作也能完全做下来。并且也希望大家通过任务的实现能把一些新接触到的知识点加以理解并能在以后的使用中灵活运用。

图2-1

2.1.2　知识储备

1. 矩形工具

在一些设计中，通常需要绘制一些矩形或圆角矩形。利用 CorelDRAW X7 工具箱中的"矩形工具"（F6）能够很快实现。在矩形工具组中可以看到 CorelDRAW 提供了两种矩形绘制工具，如图 2-2 所示。

图2-2

1）绘制矩形

首先选择矩形工具，选中"矩形"工具，将鼠标放到要绘制矩形的位置按住鼠标左键进行拖动即可。按住 Ctrl 键拖动鼠标，可绘制出一个正方形；按住 Shift 键拖动鼠标，可从中心向外绘制出一个矩形；按住 Ctrl +Shift 组合键后拖动鼠标，则是从中心向外绘制出一个正方形，如图 2-3 所示。

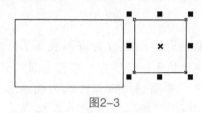

图2-3

2）移动、缩放和延展对象

用选择工具选中对象，会出现如图 2-3 所示的 8 个调整手柄。绘制对象松开鼠标时会自动带有调整手柄，单击空白处或进行下一个操作时调整手柄会取消。

（1）要移动对象，需要拖动它；要将移动约束到水平轴或垂直轴，则需要在拖动时按住 Ctrl 键；要微调对象位置，则需要按键盘上的箭头键。

（2）要缩放对象，则需要拖动某个角的调整手柄即可改变对象的大小，如果要从中心进行缩放，拖动时按住 Shift 键，进行对象的缩放操作，如图 2-4 所示。

（3）要延展对象，需要拖动对象的上下或左右的某个延展手柄，如图 2-4 所示。

对对象的高和宽进行延展操作。

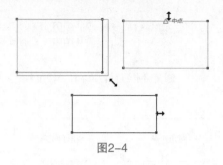

图2-4

3）旋转和倾斜对象

（1）要旋转对象，需要用选择工具两次单击对象，这时出现如图 2-5 所示的旋转手柄。拖动角旋转手柄，按需要进行旋转，如图 2-6 所示。如果要以 15° 增量旋转对象，则需要在拖动时按住 Ctrl 键。

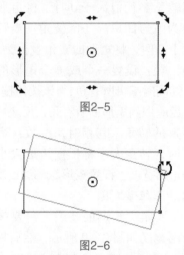

图2-5

图2-6

（2）要倾斜对象，需要拖动"边倾斜"手柄。如果要以 15° 增量倾斜对象，则需要在拖动时按住 Ctrl 键，如图 2-7 所示。

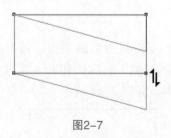

图2-7

4）圆角、扇形角、倒棱角

若将对象的角设置为圆角时可通过对象的属性栏来设置，如图 2-8 所示是矩形的属性栏。通过属性栏可将对象的 4 个角变为圆角、扇形角、倒棱角，如图 2-9 所示。

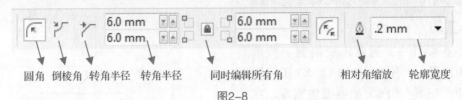

圆角　倒棱角　转角半径　转角半径　　同时编辑所有角　　　　相对角缩放　轮廓宽度

图2-8

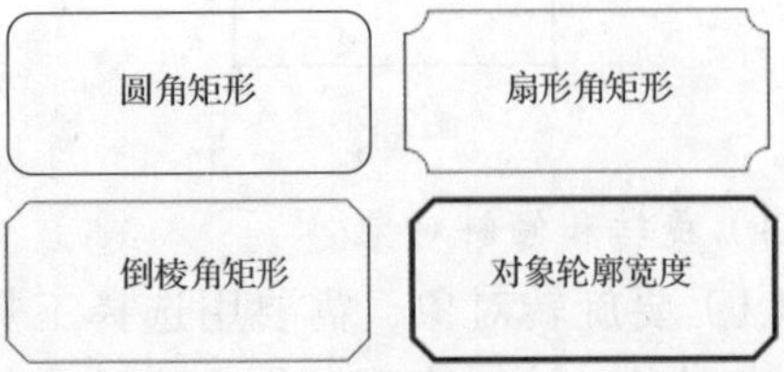

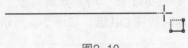

图2-9

图 2-8 中，①圆角：当转角半径值大于 0 时，将矩形的转角变为弧形。②扇形角：当转角半径值大于 0 时，将矩形的转角替换为弧形凹口。③倒棱角：当转角半径值大于 0 时，将矩形的转角替换为直边。④转角半径：设置一个或多个矩形的转角半径。⑤同时编辑所有角：当该按钮按下时，圆角半径应用到矩形的所有角；反之可单独设置矩形的转角。⑥相对角缩放：当该按钮按下时，转角大小将根据矩形大小缩放角。⑦轮廓宽度：设置矩形轮廓线的宽度。

5）3 点矩形工具

（1）要定义矩形的基线，需要拖动鼠标以绘制宽度如图 2-10 所示，然后松开鼠标按钮。要将基线角度限制为 15° 增量，则需要在拖动鼠标时按住 Ctrl 键。

图2-10

（2）要定义矩形的高度，需要移动指针以绘制高度，然后按住 Ctrl 键以绘制一个正方形，如图 2-11 所示。

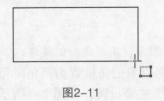

图2-11

2. 绘制椭圆形

椭圆形工具组（F7）中有"椭圆形"和"3 点椭圆形"两个工具，如图 2-12 所示。要绘制圆形，需要在要放置椭圆形的位置拖动鼠标，如图 2-13 所示。

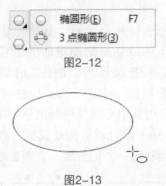

图2-12

图2-13

要将椭圆形更改为饼形或弧形，需要单击属性栏上的"饼图"按钮 或"弧形"按钮 。要将饼形或弧形改为椭圆形需要单击"圆形"按钮 ，如图 2-14 所示。

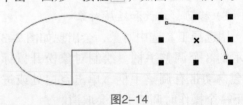

图2-14

"3 点椭圆形"工具的用法与"3 点矩形"工具的用法相似，这里不再赘述。

3. 设置填充颜色和边框颜色

一幅优秀的绘图作品基本上都会运用到色彩的搭配，调色板也就变得必不可少了。为了方便选择色样，用户可以按照自己喜欢的方式设置调色板的位置。下面详细讲解如何在 CorelDRAW X7 中添加、移动和关闭调色板。

1）添加 / 关闭调色板

执行菜单命令"窗口"→"调色板"→"默认调色板""默认 RGB 调色板"或"默认 CMYK 调色板"命令，均可在界面右侧增加"默认调色板"/"默认 RGB 调色板"/"默认 CMYK 调色板"，如图 2-15 所示。若想关闭调色板，将图 2-15 中选中的调色板前面的对钩去掉即可。

图2-15

CorelDRAW 中对填充色和轮廓色的操作不同于其他的平面设计软件，其设计的应用方法也与以往不同，但这正是 CorelDRAW 操作人性化和智能化的表现之一。

方法一：利用鼠标左右键。选中要填充的对象，然后单击调色板中的色样，即可设置对象填充颜色。选中要填充的对象，然后右击调色板中的色样，即可设置对象边框颜色，如图 2-16 所示。

图2-16

方法二：拖拽色板到对象。使用鼠标左键将调色板中的色样直接拖动到对象上

的填充区域，松开鼠标，即可将该颜色应用到对象上，设置对象填充颜色（不选中状态下也可实现操作）。

使用鼠标右键将调色板中的色样直接拖动到对象上的轮廓边区域，松开鼠标，即可将该颜色应用到对象上，设置对象轮廓颜色（不选中状态下也可实现操作），如图 2-17 所示。

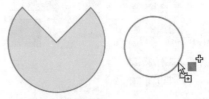

图2-17

2）自定义颜色

如果调色板中的色样无法满足要求，还可以自定义颜色。选中要填充的对象，双击状态栏中的填充色块，如图 2-18 所示。

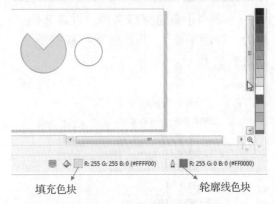

填充色块　　　　　　　　　轮廓线色块

图2-18

弹出"编辑填充"对话框，如图 2-19 所示，从"编辑填充"对话框中选择适合的颜色，单击"确定"按钮填充对象。

图2-19

选中要填充的对象，双击状态栏中的"轮廓颜色"色块，弹出"轮廓笔"对话框，如图2-20所示，可以设置轮廓颜色。

图2-20

2.1.3　任务实现

【步骤1】新建空白文档。设置文档名称为"智能手机"，其他选项可保持不变，如图2-21所示。

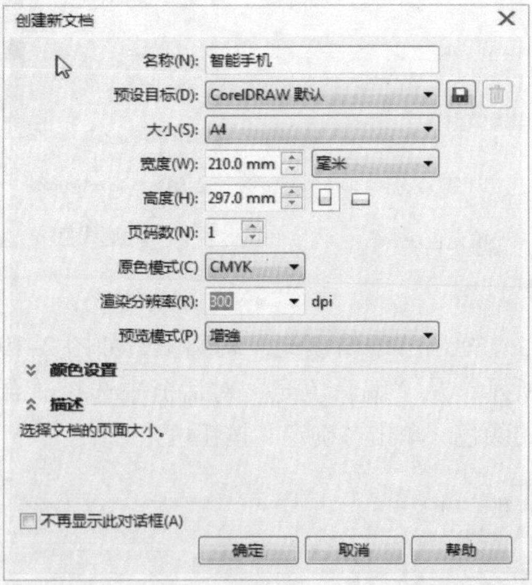

图2-21

【步骤2】用矩形工具，画一个宽度为120mm、高度为200mm的长方形，效果如图2-22所示。

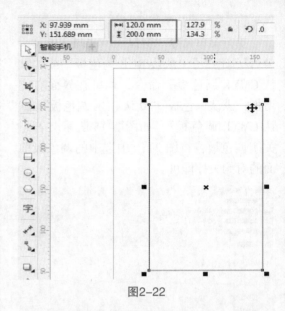

图2-22

【步骤3】设置长方形的圆角值为16mm，然后单击绘图窗口右边的颜色面板将长方形填充为黑色，效果如图2-23所示。

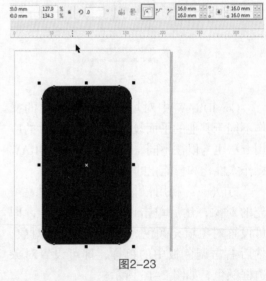

图2-23

【步骤4】用挑选工具选择长方形，再复制出一个长方形，设置长方形的圆角值为0，宽度为110mm、高度为170mm并填充为白色，效果如图2-24所示。

图2-24

【步骤5】在手机的上面中间的位置绘制手机的"喇叭"。用矩形工具，画一个宽度为 35mm、高度为 7mm 的长方形，并设置长方形的圆角值为 100mm，然后单击调色板中的深灰色进行填充，效果如图 2-25 所示。

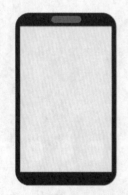

图2-25

【步骤6】用选择工具选中该矩形，然后双击工作区下面的状态栏中的"填充"色块，打开"编辑填充"对话框，按图 2-26 所示进行设置。

图2-26

【步骤7】选择"椭圆工具"，按住 Ctrl 键画一个正圆形，设置正圆形的直径为 8mm，并填充 30% 黑色，效果如图2-27所示。

图2-27

【步骤8】用挑选工具选择正圆，执行"编辑"→"再制"命令或按 Ctrl+D 组合键，就可以在原地复制出一个正圆形，设置这个正圆形的直径为 3mm，并填充为蓝色，效果如图 2-28 所示。

图2-28

【步骤9】用矩形工具在手机的下端绘制手机的"窗口排列"键，矩形轮廓色为浅灰色，无填充色，如图 2-29 所示。再按 Ctrl+D 组合键绘制一个相同大小的矩形，灰色轮廓线，黑色填充该矩形，并用方向键将矩形向左向下进行微调，效果如图 2-30 所示。

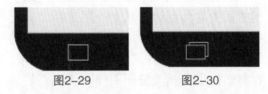

图2-29　　　　图2-30

【步骤10】用选择工具再次选中手机下面"窗口排列"图标的矩形，按 Ctrl+D 组合键再绘制矩形，然后将矩形移动到右端位置，在矩形属性面板设置矩形的左边两个角的倒棱角为 5mm，右边两个角的倒棱角为 0mm，效果如图 2-31 所示。

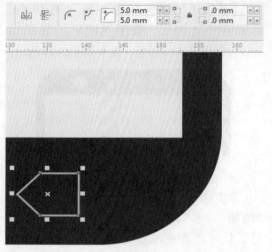

图2-31

【步骤11】再用矩形工具绘制手机的"Home"键，其大小和参数设置与手机"喇叭"相同，然后按Ctrl+D组合键绘制一个矩形，修改矩形大小为宽33mm、高5mm，然后将矩形填充黑色，效果如图2-32所示。

图2-32

【步骤12】用自己的手机截取一张手机桌面图片传到计算机上。用选择工具选中中间白色长方形，再双击状态栏下面的"填充"色块，打开"编辑填充"对话框，在对话框中选择"位图图样"填充，然后从打开的"填充挑选器"中单击"私人"中的"浏览"按钮，如图2-33所示。找到计算机上手机桌面的图片存储位置，然后打开即可。这样一台漂亮的智能手机就做好了，最后效果如图2-34所示。

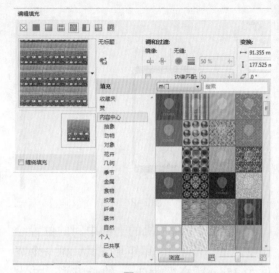

图2-33

图2-34

2.2 梦幻壁纸设计

2.2.1 任务分析

本任务主要使用多边形工具绘制多边形，然后再用形状工具编辑多边形，最后制作成需要的形状。制作方法非常简单，不过要制作好也不是那么容易，需要自己多想象和多实践才能制作出自己个性的图片。梦幻壁纸设计效果如图 2-35 所示。

图2-35

2.2.2　知识储备

1. 多边形工具组

CorelDRAW X7 软件的多边形工具也是基本绘图工具，在工具箱中单击"多边形工具"右下角的小黑三角，其工具组中包括其他工具，如图 2-36 所示。它能绘制多边形、星形、复杂星形、图纸、螺纹、基本形状、箭头形状、流程图形状、标题形状和标注形状。本节将详细讲解多边形工具组中的多边形、星形、复杂星形等工具的具体运用。

图2-36

1）多边形工具

在页面中按下鼠标左键并拖动鼠标预览，在不释放鼠标的情况下，随意移动鼠标可调整多边形形状，松开鼠标即可完成多边形的绘制，效果如图 2-37 所示。

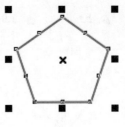

图2-37

在多边形工具的属性栏中可调整"点数或边数"及"轮廓线"，如图 2-38 所示。默认值为 5；边数最少为 3，最大为 500，边数越大所绘制的图形越接近于圆形，如图 2-39 所示。

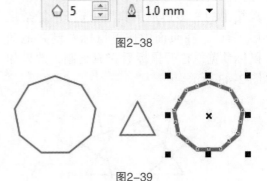

图2-38

图2-39

2）星形工具

单击工具箱中的"多边形工具"，然后选择"星形工具"，在页面中按下鼠标左键并拖动鼠标预览，松开鼠标左键即可完成绘制，如图 2-40 所示。

图2-40

星形工具的属性栏如图 2-41 所示。在属性栏中，"点数或边数"和"锐度"的默认值分别是 5 和 53。增加"点数或边数"和"锐度"的值，会产生多角星形的效果，如图 2-42 所示为八边形、锐度为 86 的星形形状。

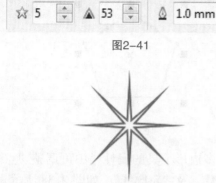

图2-41

图2-42

3）复杂星形工具

复杂星形各边相交，可以通过应用多种颜色填充产生更加丰富的效果。单击工具箱中的"多边形工具"，选择"复杂星形工具"，在页面中按下鼠标左键并拖动鼠标预览，松开鼠标后完成绘制，效果如图2-43所示。

图2-43

在属性栏中调整"点数或边数"和"锐度"的值，如图2-44所示，会产生更加漂亮的复杂星形的效果，如图2-45所示。需要注意的是当复杂星形工具的端点数低于7时，不能设置锐度。

图2-44

图2-45

4）图纸工具

在绘制图纸之前，首先设置网格与行数和列数，以便于在绘制时更加精确。设置行数和列数的方法有以下两种。

第1种，双击工具箱中的"图纸工具"，打开"选项"面板，如图2-46所示，然后在"图纸工具"选项下的"宽度方向单元格数"和"高度方向单元格数"后面输入数值设置行数和列数，设置好后单击"确定"按钮。

图2-46

第2种，选中工具箱中的"图纸工具"，然后在它的属性栏的"行数"和"列数"上输入数值如图2-47所示。图2-48为行数为4、列数为6的网格图纸。

图2-47

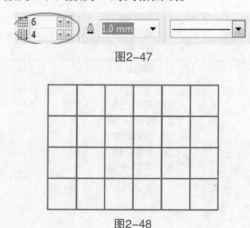

图2-48

5）螺纹工具

"螺纹工具"可以直接绘制特殊的对称式和对数式的螺旋纹图形。单击工具箱中的"螺纹工具"，在页面中按下鼠标左键并拖动预览，松开鼠标左键即可完成绘制，如图 2-49 所示。"螺纹工具"的属性栏如图 2-50 所示。

图2-49

图2-50

在图 2-50 中，从左至右分别为对称式螺纹、对数螺纹、螺纹扩展参数。

（1）对称式螺纹：单击激活后，螺纹的回圈间距是均匀的，如图 2-51 所示。

图2-51

（2）对数螺纹：单击激活后，螺纹的回圈间距是由内向外不断增大的，如图 2-52 所示。

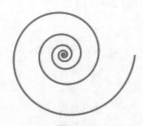

图2-52

（3）螺纹扩展参数：设置对数螺纹激活时，向外扩展的速率，最小为 1 时，内圈间距为均匀显示，如图 2-53 所示。最

大为 100 时，间距内圈最小，越往外越大，如图 2-54 所示。

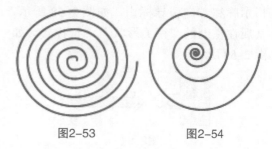

图2-53　　　　图2-54

6）基本形状工具组

CorelDRAW X7 软件将大量常用的形状集中在预定义形状工具组中，包括基本形状、箭头形状、流程图形状、标题形状和标注形状，如图 2-55 所示。预定义形状工具组可以快速绘制梯形、心形、圆柱形和水滴等基本形状，如图 2-56 所示，并且修改其外观的轮廓，在形状里面或外面添加文本。

图2-55

图2-56

单击工具箱中的"基本形状工具"，然后在属性栏上"完美形状"图标的下拉样式中进行选择，如图 2-57 所示，选择需要的形状，在页面空白处按住鼠标左键拖动即可进行绘制。

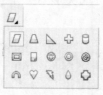

图2-57

7）箭头形状工具

"箭头形状工具"可以快速绘制路标、指示牌和方向引导标识，如图2-58所示。其属性栏上的"完美形状"下拉样式，如图2-59所示。

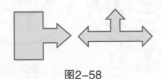

图2-58

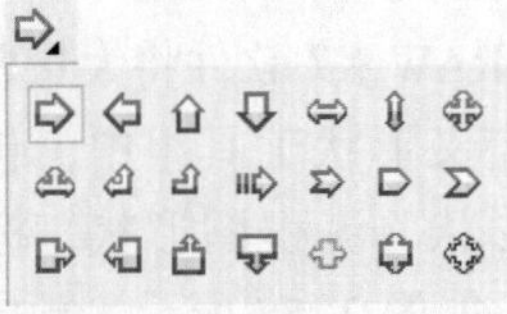

图2-59

8）流程图形状工具

"流程图形状工具"可以绘制数据流程图和信息流程图，如图2-60所示。其属性栏上的"完美形状"下拉样式，如图2-61所示。

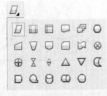

图2-60

图2-61

9）标题形状工具

"标题形状工具"可以快速绘制标题栏、旗帜标语和爆炸效果，如图2-62所示。其属性栏的"完美形状"下拉样式，如图2-63所示。

图2-62

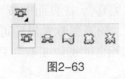

图2-63

10）标注形状工具

"标注形状工具"可以快速绘制补充说明和对话框，如图2-64所示。其属性栏的"完美形状"下拉样式，如图2-65所示。

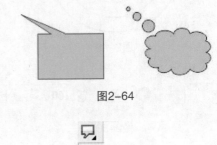

图2-64

图2-65

2. 形状工具组

1）"形状工具"

"形状工具"可以直接编辑由"手绘""贝塞尔""钢笔"等曲线工具绘制的对象，对于"矩形""椭圆形""多边形""文本"等工具绘制的对象不能直接进行编辑，需要将其"转换为曲线"后才能进行编辑操作，通过增加与减少节点，移动控制节点来改变曲线。"形状工具"组所包含的工具，如图2-66所示。"形状工具"的属性栏如图2-67所示。

图2-66

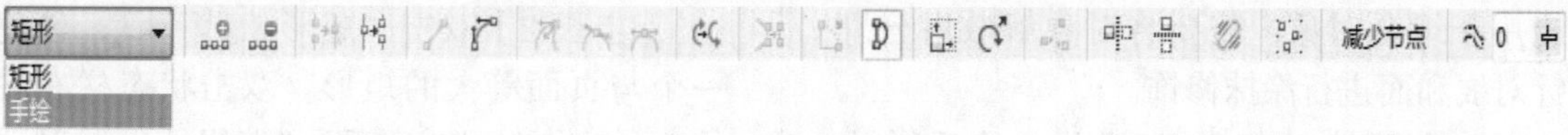

图2-67

"形状工具"选项从左到右的功能按钮如下。

（1）添加节点：可在选中的节点左边中间位置添加一个节点，增加曲线对象中可编辑线段的数量。

（2）删除节点：删除选中的节点，改变曲线对象的形状，使之更加平滑或重新修改。

（3）链接两个节点：连接开放路径的开始节点和结束节点来创建闭合对象或路径。

（4）断开曲线：断开开放和闭合对象中的路径。

（5）转换为线条：将选中节点左右曲线线段转换为直线。

（6）转换为曲线：将线段转换为曲线，通过控制柄（蓝色虚线箭头）更改曲线形状。

（7）尖突节点：通过将节点转换成尖突节点在曲线中创建一个锐角。

（8）平滑节点：通过将节点转换成平滑节点来提高曲线的圆滑度。

（9）对称节点：将同一曲线形状运用到节点两侧。

（10）反转方向：反转开始节点和结束节点的位置。

（11）提取子路径：从对象中提取所选的子路径来创建两个独立的对象。

（12）延长曲线使之闭合：使用直线连接开始节点和闭合节点来闭合曲线。

（13）闭合曲线：结合或分离曲线的末端节点。

（14）延展与缩放节点：延展与缩放曲线对象的段。

（15）旋转与倾斜节点：旋转与倾斜曲线对象的段。

（16）对齐节点：水平、垂直对齐节点或通过控制柄对齐节点。

（17）水平反射节点：编辑对象中水平镜像的相应节点。

（18）垂直反射节点：编辑对象中垂直镜像的相应节点。

（19）弹性模式：像拉伸橡皮筋一样为曲线创建一种形状。

（20）选择所有节点：选择对象中的所有节点。

（21）减少节点：通过自动删除选定内容中的节点来提高曲线的平滑度。

（22）曲线平滑度：通过更改节点的数量调整曲线的平滑度。

（23）边框：使用曲线工具时，显示 /隐藏边框。

"形状工具"无法对组合的对象进行修改，只能逐个针对单个对象进行编辑。

2）平滑工具

"平滑工具"可以在矢量对象的外轮廓上进行拖动使其变得平滑，如图 2-68 所示。

图2-68

"平滑工具"属性栏如图 2-69 所示。

图2-69

"平滑工具"选项介绍如下。

（1）笔尖半径：调整"平滑工具"笔尖半径的大小。

（2）速度：设置用于应用效果的速度。

（3）笔压：绘图时用于数字笔或写字板的压力控制效果。

3）涂抹笔刷工具

"涂抹笔刷工具"可以在矢量对象的外轮廓上进行拖动使其变形。涂抹工具不能用于组合对象，需要将对象解散后分别针对线和面进行涂抹修饰。

选中要涂抹修改的部分，然后单击"涂抹笔刷工具"在线条上按住左键进行拖动，如图2-70所示。笔刷拖动的方向决定涂抹的方向和长短。

图2-70

"涂抹笔刷工具"属性栏如图2-71所示。

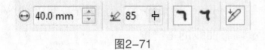

图2-71

"涂抹工具"选项介绍如下。

（1）笔尖半径⊖：调整涂抹笔刷的尖端大小，决定凸出和凹陷的大小。

（2）水分浓度：在涂抹时调整加宽或缩小渐变效果的比率，范围为 –10~10，其中值为0是不渐变的。

2.2.3　任务实现

【步骤1】新建空白文档。设置文档名称为"梦幻壁纸"，纸张方向选择为"横向"，其他选项可保持不变，如图2-72所示。

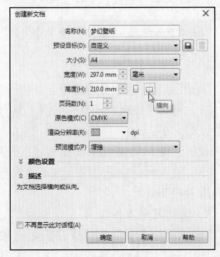

图2-72

【步骤2】双击"矩形工具"□，创建一个与页面等大的矩形。双击状态栏右端的 □填充色块，打开"编辑填充"对话框，在该对话框中选择"渐变填充"方式，设置"类型"为"椭圆形渐变填充"，其他设置默认，颜色设置如图2-73所示，单击"确定"按钮完成渐变填充。接着将轮廓笔设置为无，最后效果如图2-74所示。

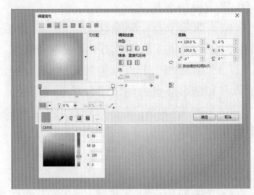

图2-73

图2-74

【步骤3】在矩形上右击，然后从弹出的快捷菜单中选择"锁定对象"选项来锁定矩形，如图2-75所示。

图2-75

【步骤4】选择"基本形状工具" ，在其属性栏的"完美形状"中选择水滴形状 ⬭，绘制一个长形水滴，然后填充颜色为白色，轮廓线为50%黑色，如图2-76所示。

图2-76

【步骤5】选中绘制的水滴形状，按Ctrl+D组合键再绘制出6个水滴形状，用选择工具调整这些水滴形状的大小和方向，将它们摆放成如图2-77所示的花朵图形。

图2-77

【步骤6】选中所有的水滴形状，然后按Ctrl+G组合键组合对象，再将组合后的花朵图形移动至页面的左下角并旋转方向，效果如图2-78所示。

图2-78

【步骤7】选择"螺纹工具" ⚇，在属性栏进行如图2-79所示的设置后，然后绘制出如图2-80所示的螺纹图形。

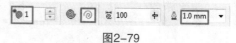

图2-79

【步骤8】使用"形状工具"，选中绘制的螺纹图形右端点，如图2-81所示，然后按Delete键删除右端点，最终效果如图2-82所示。

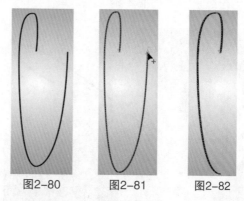

图2-80 图2-81 图2-82

【步骤9】使用"移动工具"，将图2-82的图形移动至花朵上面，如图2-83所示，然后右击，从弹出的快捷菜单中选择"顺序"→"置于此对象后"命令，出现如图2-84所示的黑色箭头，然后单击即可将黑色螺旋线置于花朵后面，效果如图2-85所示。

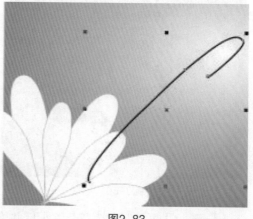

图2-83

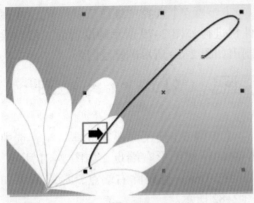

图2-84

图2-85

【步骤10】按 Ctrl+D 组合键再绘制一个螺旋线，然后旋转其方向调整到合适位置，并将其两条螺旋线的轮廓线颜色改为白色，效果如图 2-86 所示。

图2-86

【步骤11】再复制两个花朵缩小后并旋转方向，分别移动至螺旋线的下面，如图 2-87 所示。

图2-87

【步骤12】使用"螺旋工具" 再绘制三个轮廓线颜色为白色、线宽度为 1.5mm 的螺旋线，然后使用"形状工具" 对这三条螺旋线按步骤 8 进行编辑，同时再用"形状工具" 调整螺旋线的长度和方向，并将这三条螺旋线调整为如图 2-88 所示的形状。

图2-88

【步骤13】单击"基本形状工具" ，然后在属性栏的"完美形状"下拉样式中选择 图标，在页面中绘制两个心形，如图 2-89 所示。接着分别右击两个心形，从弹出的快捷菜单中选择"转换为曲线"命令，把两个心形转换为曲线，将两个节点拖动到与大心形节点重合，如图 2-90 所示，最后使用"移动工具" 调整形状，效果如图 2-91 所示。

图2-89

图2-90

图2-91

【步骤 14】然后将大心形轮廓线设置为无，填充为白色，小心形轮廓线也同样设置为无，填充为 10%、黑色。复制这两个心形将其变小并旋转方向，悬挂于另一个螺旋线上，效果如图 2-92 所示。

图2-92

【步骤 15】分别使用"复杂星形工具" ✿、"星形工具" ☆、"多边形工具" ⬡在页面绘制出大大小小的不同形状，效果如图 2-93 所示。

图2-93

【步骤 16】使用"选择工具"将图 2-93 中的所有星形形状选中，执行"位图"→"转换为位图"命令，接着执行"位图"→"模糊"→"高斯模糊"命令，弹出"高斯式模糊"对话框，如图 2-94 所示，设置"半径"为 8 像素，单击"确定"按钮完成模糊，最后完成梦幻壁纸的制作，效果如图 2-95 所示。

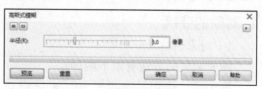

图2-94

图2-95

2.3 小鸡萌萌哒设计

2.3.1 任务分析

小鸡任务的制作主要是让大家利用前面所学工具以及对象的层次变化、对象的变换、对象的锁定等相关知识来完成。考查大家对工具使用的熟练程度,通过完成任务使大家掌握并能运用对象的变换变化出自己需要的图形形状,理解图层层次的关系对图形产生的影响。小鸡萌萌哒设计效果,如图2-96所示。

图2-96

2.3.2 知识储备

1. 对象的变换

1) 对象的缩放

缩放对象的方法有以下两种。

第1种,使用"选择工具"来进行对象的缩放,具体步骤参见2.1.2节中的内容。

第2种,选中对象,然后执行"对象"→"变换"→"缩放和镜像"命令,打开"变换"面板,在 x 轴和 y 轴后面的文本框中设置缩放比例,接着选择相对缩放中心,如图2-97所示,设置水平 x 轴缩放比例为90%,垂直 y 轴缩放比例为90%,选择相对缩放中心为右下角,副本为"200",最后单击"应用"按钮,效果如图2-98所示。

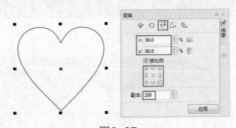

图2-97

图2-98

2) 对象的镜像

镜像对象的方法有以下 3 种。

第1种,选中对象,按住 Ctrl 键同时按住鼠标左键在锚点上进行拖动,松开鼠标完成镜像操作,向上或向下拖动为垂直镜像;向左或向右拖动为水平镜像。

第 2 种,选中对象,然后在属性面板上单击"水平镜像"按钮或"垂直镜像"按钮进行操作。

第 3 种,选中对象,然后执行"对象"→"变换"→"缩放和镜像"命令,打开"变换"面板,再选择相对中心,接着单击"水平镜像"按钮或"垂直镜像"按钮进行操作。如图 2-99 所示以 90° 圆弧为例,将"水平镜像"和"垂直镜像"按钮同时按下,以图形中心为相对中心点,单击"应用"按钮,效果如图 2-100 所示。

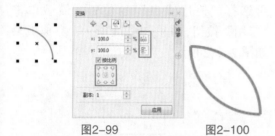

图2-99   图2-100

选中图 2-100 所示的形状,仅按下"水平镜像"按钮,以图形右中为中心点,单击"应用"按钮,效果如图 2-101 所示。

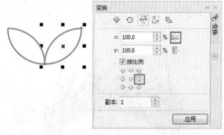

图2-101

3)对象的移动

移动对象的方法有以下 3 种。

第 1 种,用"选择工具"进行移动。

第 2 种,选中对象后用方向键进行微调。

第 3 种,选中对象,然后执行"对象"→"变换"→"位置"命令,打开"变换"面板,接着在 x 轴和 y 轴后面的文本框中输入数值,再选择移动的相对位置,最后单击"应用"按钮,如图 2-102 所示,完成效果如图 2-103 所示。

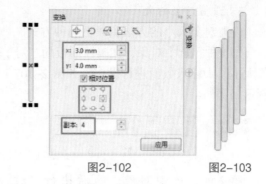

图2-102   图2-103

4)对象的旋转

旋转对象的方法有以下 3 种。

第 1 种,使用"移动工具"双击需要旋转的对象进行旋转。

第 2 种,选中对象,在属性栏上"旋转角度"后面的文本框中输入数值进行旋转,如图 2-104 所示。

图2-104

第 3 种,选中对象后,然后执行"对象"→"变换"→"旋转"命令,打开"变换"面板,接着设置"旋转角度"的数值,并选择相对旋转中心,单击"应用"按钮,如图 2-105 所示,最后效果如图 2-106 所示。

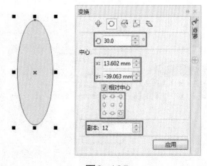

图2-105

图2-106

5）设置对象的大小

设置对象大小的方法有以下两种方式。

第 1 种，选中对象，在属性面板的"对象大小"中输入数值进行操作，如图 2-107 所示。

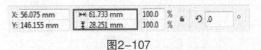

图2-107

第 2 种，选中对象，然后执行"对象"→"变换"→"大小"命令，打开"变换"面板，接着在 x 轴与 y 轴后面的文本框中输入数值，再选择相对缩放中心，最后单击"应用"按钮，如图 2-108 所示。在当前对象大小的基础上更改 x 轴和 y 轴数值，选定缩放中心点，输入"副本"数值，单击"应用"按钮，效果如图 2-109 所示。

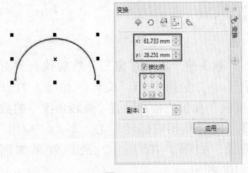

图2-108

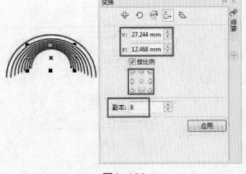

图2-109

6）对象的倾斜

倾斜对象的方法有以下 2 种。

第 1 种，双击需要倾斜的对象，当对象周围出现旋转或倾斜箭头后，将鼠标指针移动到水平直线上的倾斜锚点上，按住鼠标左键拖曳进行倾斜，如图 2-110 所示。

图2-110

第 2 种，选中对象，然后执行"对象"→"变换"→"倾斜"命令，打开"变换"面板，接着设置 x 轴和 y 轴的数值，再选择"使用锚点"的位置，最后单击"应用"按钮，如图 2-111 所示，完成效果如图 2-112 所示。

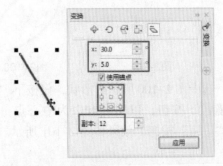

图2-111

图2-112

2. 对象的组合与取消组合对象

在编辑比较复杂图像时，通常会有很多独立的图形对象，为了方便操作，可以对一些对象进行统一编组操作，将其看作一个单独的对象，也可以解开组合对象进行单个对象的操作。

1）对象的组合

组合对象的方法有以下 3 种。

第 1 种，选中需要组合的对象并右击，在弹出的快捷菜单中选择"组合对象"命令，如图 2-113 所示。

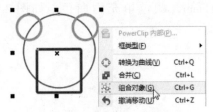

图2-113

第 2 种，选定需要组合的对象，然后执行"对象"→"组合"→"组合对象"命令，或按 Ctrl+G 组合键进行快速组合。

第 3 种，选中需要组合的对象，在属性栏中单击"组合对象"图标进行组合。

2）取消组合对象

取消组合对象的方法有以下 3 种。

第 1 种，选中已组合的对象并右击，在弹出的快捷菜单中选择"取消组合对象"命令，如图 2-114 所示。

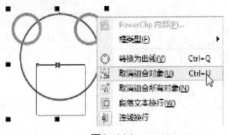

图2-114

第 2 种，选中已组合的对象，然后执行"对象"→"组合取消"→"组合对象"命令，或按 Ctrl+U 组合键取消组合对象。

第 3 种，选中已组合的对象，在属性栏中单击"取消组合对象"图标进行快速解组。

3）取消组合所有对象

使用"取消组合所有对象"命令，可以将组合对象进行彻底解组，变为最基本的独立对象。而取消全部组合对象的方法可参照"取消组合对象"的操作方法。

3. 对象的锁定和解锁

1）锁定对象

锁定对象的方法有以下两种。

第 1 种，选中需要锁定的对象并右击，在弹出的快捷菜单中执行"锁定对象"命令完成锁定，锁定后的对象锚点变为小锁，如图 2-115 所示。

第 2 种，选中需要锁定的对象，然后执行"对象"→"锁定对象"命令进行锁定。

2）解锁对象

解锁对象的方法有以下两种。

第 1 种，选中需要解锁的对象并右击，在弹出的快捷菜单中执行"解锁对象"命令完成解锁，如图 2-115 所示。

第 2 种，选中需要解锁的对象，然后执行"对象"→"解锁对象"命令进行解锁。

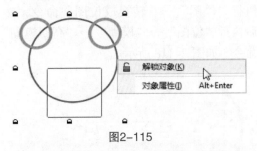

图2-115

2.3.3　任务实现

【步骤 1】新建一个空白文档，然后设置文档名为"小鸡萌萌哒"，其他参数可不变。

【步骤 2】使用"椭圆形工具"，按住 Ctrl 键，绘制一个正圆形，轮廓线颜色为橘红，宽度为 0.75mm，选中该正圆形按 Ctrl+D 组合键，再绘制一个同样大小的正圆形，轮廓线设置为无，填充色为黄色，并将其暂时移动到旁边，如图 2-116 所示。

小鸡萌萌哒设计

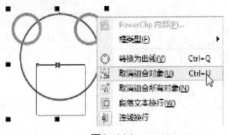

图2-116

【步骤3】单击"粗糙笔刷工具" ，然后在属性栏中设置"笔尖半径"为1mm、"尖突频率"为5、"干燥"为-2，接着在椭圆的轮廓线上长按左键进行反复涂抹，如图2-117所示，涂抹完成后形成类似绒毛的效果。

图2-117

【步骤4】选中图2-117所示的图形，执行"位图"→"转换成位图"命令，然后执行"位图"→"模糊"→"高斯模糊"命令，如图2-118所示。

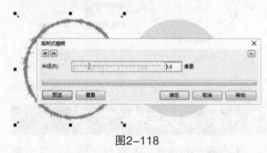

图2-118

【步骤5】移动黄色正圆形置于轮廓线图形上面，将两者重叠，如图2-119所示。然后选中这两个图形，执行"对象"→"锁定"→"锁定对象"命令。

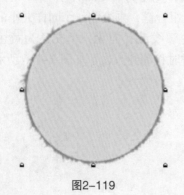

图2-119

【步骤6】下面绘制眼睛。使用"椭圆形工具" 绘制一个椭圆形，轮廓线为黑色，填充色为白色，然后设置"轮廓宽度"为0.5mm、颜色填充为白色，如图2-120所示。

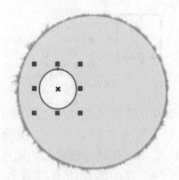

图2-120

【步骤7】执行"对象"→"变换"→"大小"命令，设置合适的x轴与y轴大小、副本为2，如图2-121所示，单击"应用"按钮后效果如图2-122所示。

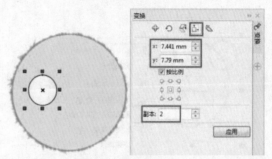

图2-121

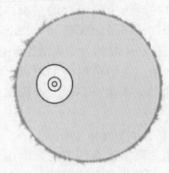

图2-122

【步骤8】将这两个圆形移动到合适的位置，中间的圆形填充为黑色，如图2-123所示。

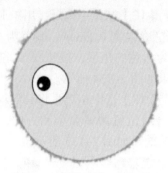

图2-123

【步骤9】绘制小鸡嘴巴。使用"多边形工具"，在属性栏中设置多边形边数为3，绘制一个三角形作为小鸡的嘴巴，轮廓宽度为0.5、颜色为橘色、填充色为黄色，如图2-124所示。

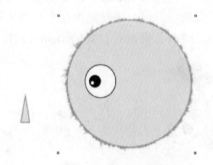

图2-124

【步骤10】移动小鸡嘴巴到合适位置并右击，从弹出的快捷菜单中选择"顺序"→"到图层后面"命令，如图2-125所示，效果如图2-126所示。然后再复制出一个三角形来组成小鸡的嘴巴，效果如图2-127所示。

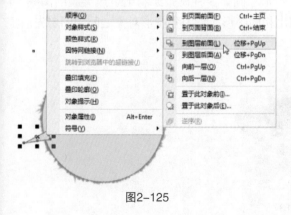

图2-125

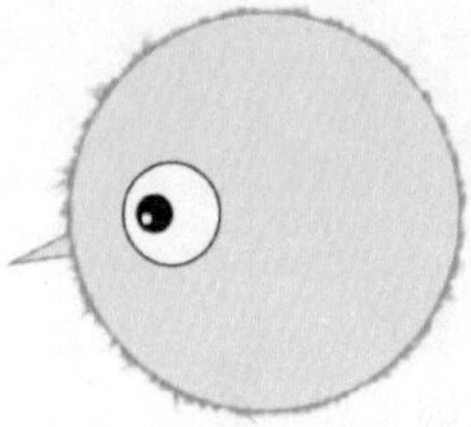

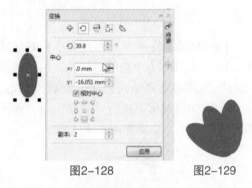

图2-126 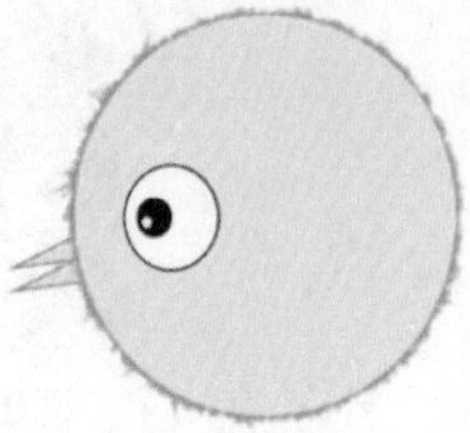　　　　　图2-127

【步骤11】绘制小鸡鸡冠。使用"椭圆工具"绘制一个填充色为红色的椭圆，然后执行"对象"→"变换"→"旋转"命令，如图2-128所示，"旋转值"为30°，"相对中心"为中下，单击"应用"按钮，效果如图2-129所示。

图2-128　　　　　图2-129

【步骤12】将图2-129小鸡鸡冠全部选中后按Ctrl+G组合键将其群组，然后用"选择工具"将鸡冠移动到小鸡头部，如图2-130所示。

图2-130

【步骤13】选中鸡冠并右击，从弹出的快捷菜单中选择"顺序"→"到图层后面"命令，如图2-131所示。

图2-131

【步骤14】绘制小鸡腿儿。分别使用"椭圆工具"绘制一个轮廓线宽1mm、颜色为橘红色的120°圆弧和90°圆弧，如图2-132所示。

图2-132

【步骤15】将90°圆弧作为小鸡的前腿儿，120°圆弧作为小鸡的后腿儿。用"选择工具"将其移动调整到合适位置后再右击，从弹出的快捷菜单中执行"顺序"→"到图层后面"命令，效果如图2-133所示。

图2-133

【步骤16】制作小鸡爪。用矩形工具绘制一个轮廓线宽0.25mm、颜色为橘红色，填充色为黄色的矩形，按步骤11制作小鸡爪，效果如图2-134所示。

【步骤17】选中小鸡爪将其群组，然后移动到合适位置调整大小和方向，以及图层顺序，效果如图2-135所示。

图2-134　　　　　图2-135

【步骤18】选中小鸡头部并右击，从弹出的快捷菜单中选择"解锁对象"命令。然后将小鸡各部分全部选中，按Ctrl+G组合键将所有对象群组。再复制出几个小鸡来将其变小，放在后面如图2-136所示的位置。

图2-136

2.4　课堂练习——绘制笑脸图案

操作提示：使用椭圆工具属性栏中的椭圆、饼形、圆弧3种模式绘制出组成笑脸的图案，再使用"对象"→"变换"→"旋转"命令复制出相同图形，调整各图形对象之间的图层先后顺序，效果如图2-137所示。

图2-137

▶ 课后练习

一、选择题

1. CorelDRAW 中再绘制命令的快捷键是（　　　）。

A. Ctrl+R　　　　　　B. Ctrl+G　　　　　　　C. Ctrl+D　　　　　　D. Ctrl+K

2. CorelDRAW X7 的图纸工具可以很方便地创建一个棋盘格，请问图纸工具绘制的棋盘格基本组成要素为（　　　）。

A. 由直线构成　　　　　　　　　　　B. 由一个大矩形和多条直线构成

C. 由很多的小矩形构成　　　　　　　D. 由多个矩形交叉构成

3. 对选定的对象进行轮廓填充，下列操作正确的是（　　　）。

A. 按鼠标右键选中调色板中的颜色

B. 按鼠标左键选中调色板中的颜色

C. 双击鼠标右键选中调色板中的颜色

D. 双击鼠标左键选中调色板中的颜色

4. 当用鼠标单击一个对象时，它的周围出现（　　　）个控制方块。

A. 4　　　　　　　　　　B. 6　　　　　　　　　　C. 8　　　　　　　　　　D. 9

二、简答题

1. 简述群组对象与对象的结合有什么异同。

2. 简述正圆形的绘制方法。

3. CorelDRAW 锁定的对象的作用是什么？

4. 简述复制对象的几种方法。

三、操作题

请使用椭圆工具、"对象＼变换"菜单、"位图＼模糊"命令制作如图 2-138 所示的效果。

图2-138

第 3 章

绘制和编辑曲线

■公司标志设计

■拼图游戏设计

■剪纸小闹钟设计

■课堂练习——绘制简笔画叶子

CorelDRAW X7 中文版可以使用"造型"命令对对象进行"焊接（合并）""修剪""相交""简化""移除前面对象""移除后面对象""边界"等操作，快速地制作出多种多样的形状。

另外，在绘制一些图形或排版文字时，用户也常常需要将这些对象进行对齐操作。CorelDRAW 同样也为用户提供了非常方便的对齐与分布命令。

3.1 公司标志设计

3.1.1 任务分析

图 3-1 与图 3-2 利用了"对象"→"变换"→"倾斜"命令，然后根据需要对形成的图形进行"造型"制作。这两个标志制作都比较简单易操作，希望读者在公司标志的设计上多下功夫，发挥你们想象的翅膀设计出更多优秀的作品。

图 3-1　　　　图 3-2

3.1.2 知识储备

1. 造型操作

"造型"命令可通过以下两种方法来实现。

方法一，在使用"选择工具"选中两个或两个以上对象时，在工具属性栏中即可出现"造型"功能按钮，如图 3-3 所示。

方法二，执行"对象"→"造型"命令，在弹出的子菜单中可以看到 7 个造型命令，分别是合并、修剪、相交、简化、

移除后面对象、移除前面对象和边界，从中选择某一命令，即可进行相应操作，如图 3-4 所示。

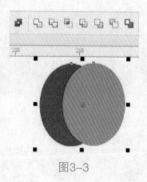

图 3-3

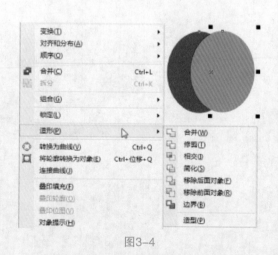

图 3-4

方法三，执行"窗口"→"泊坞窗"→"造型"命令，如图 3-5 所示，打开"造型"面板，如图 3-6 所示。

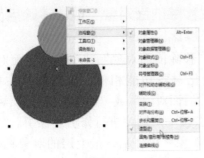

图3-5

图3-6

2. 对象的"焊接（合并）"操作

　　"焊接（合并）"功能主要用于将两个或两个以上对象结合在一起，成为一个独立的对象。选中需要结合的两个或两个以上的对象，在"造型"泊坞窗类型下拉列表框中选择"焊接"选项，单击"焊接到"按钮，如图 3-7 所示，然后在画面中单击拾取目标对象，如单击目标对象为红色圆形，那么焊接后的图形颜色为红色，效果如图 3-8 所示。

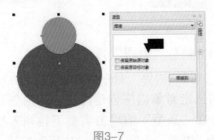

图3-7

图3-8

3. 对象的"修剪"操作

　　"修剪"是通过移除重叠的对象区域来创建形状不规则的对象。"修剪"命令几乎可以修剪任何对象，包括克隆对象、不同图层上的对象及带有交叉线的单个对象，但是不能修剪段落文本、尺度线或克隆的主对象。要修剪的对象是目标对象，用来执行修剪的对象是来源对象。修剪完成后，目标对象保留其填充和轮廓属性。在"造型"泊坞窗类型下拉列表框中选择"修剪"选项，单击"修剪"按钮，如图 3-9 所示，单击拾取目标对象，如单击拾取红色圆形修剪效果，如图 3-10 所示；如单击拾取蓝色三角形修剪效果，如图 3-11 所示。

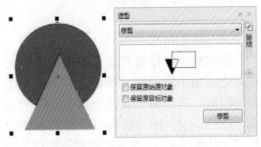

图3-9

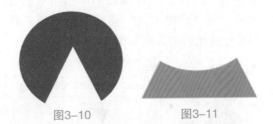

图3-10　　　　　　图3-11

4. 对象的"相交"操作

　　使用"相交"命令可以将两个或两个以上对象的重叠区域创建为一个新对象。使用"选择工具"选择重叠的两个图形对象，在"造型"泊坞窗类型下拉列表框中选择"相交"选项，单击"相交对象"按钮，如图 3-12 所示，然后在画面中单击拾取目标对象，两个图形相交的区域得以保留，单击绿色圆形的效果如图 3-13 所示。

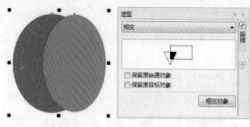

图3-12

图3-13

5. 对象的"简化"操作

简化对象与修剪对象效果类似，但是在简化对象中后绘制的图形会修剪掉先绘制的图形。选择两个或两个以上重叠的对象，在"造型"泊坞窗类型下拉列表框中选择"简化"选项，单击"应用"按钮，如图3-14所示，然后在画面中单击拾取目标对象，用"选择工具"移动图形对象后即可看见简化后的效果如图3-15所示。

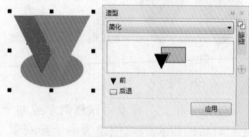

图3-14

图3-15

6. "移除前面对象"或"移除后面对象"操作

"移除前面对象"或"移除后面对象"与简化对象功能相似，不同的是在执行"移除后面对象"或"移除前面对象"操作后，会按一定顺序进行修剪及保留。"移除后面对象"操作后，最上层的对象将被下面的对象修剪，在如图3-16所示的面板中选择"移除后面对象"选项，单击"应用"按钮，则只保留修剪生成的对象，如图3-17所示。

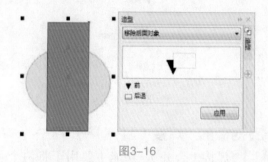

图3-16

执行"移除前面对象"操作后，最下层的对象将被上面的对象修剪，如图3-18所示。

图3-17　　　　　　图3-18

7. 对象的"边界"操作

执行"边界"命令后，可以自动在图层上的选定对象周围创建路径，从而创建边界。在"造型"泊坞窗类型下拉列表框中选择"边界"选项，单击"应用"按钮，如图3-19所示，用"选择工具"移动对象可以看到图像周围出现一个与对象外轮廓形状相同的图形，如图3-20所示，此时可以对生成的边界颜色、宽度、大小及角度等进行单独设置。

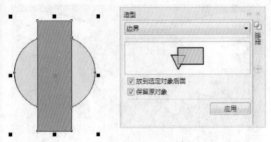

图3-19

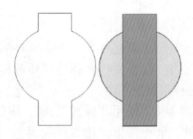

图3-20

3.1.3 任务实现

1. 天使翅膀的制作

【步骤1】绘制天使翅膀。新建一个200mm×150mm的空白文档，设置文档名称为"天使翅膀"，其他选项可保持不动。

【步骤2】使用"矩形工具"绘制一个与页面大小相同的矩形，填充色为海军蓝，轮廓色为无，如图 3-21 所示。

图3-21

【步骤3】绘制天使翅膀，使用"椭圆工具"绘制一个椭圆形，轮廓色为黑色，填充色为无，如图 3-22 所示。

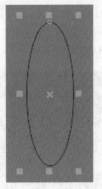

图3-22

【步骤4】选中椭圆形，执行"对象"→"变换"→"倾斜"命令，设置水平倾斜 x 值为 15°，竖直倾斜对象 y 值为 10°，"使用锚点"为"左上"，"副本"为"8"，如图 3-23 所示。

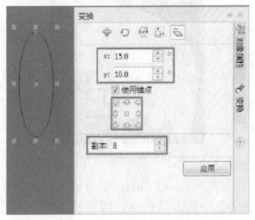

公司标志设计

图3-23

【步骤5】单击"应用"按钮，效果如图 3-24 所示。

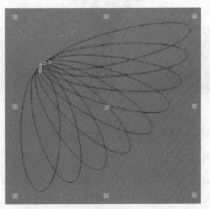

图3-24

【步骤6】保持选中状态的情况下，执行"对象"→"造型"→"合并"命令，效果如图 3-25 所示。

图3-25

【步骤7】设定轮廓宽度为 1.0mm，填充色为白色，效果如图 3-26 所示。

图3-26

【步骤8】按 Ctrl+D 组合键，再绘制翅膀的另一边，然后执行属性栏上的"水平镜像"按钮，将翅膀移动到合适位置，如图 3-27 所示。

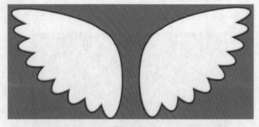

图3-27

【步骤9】选择"基本形状"工具，从其属性栏中的"完美形状"下拉列表中选择心形形状绘制一个心形，填充色为红色，轮廓色为黑色，绘制完成后将其移动到合适位置，如图 3-28 所示。

图3-28

2. 环球标志的制作

【步骤1】新建一个 200mm×150mm 的空白文档，设置文档名称为"环球标志"，其他选项可保持不动。

【步骤2】使用"椭圆工具"，按住 Ctrl 键绘制一个正圆形，轮廓色为黑色，填充色为绿色，如图 3-29 所示。然后按 Ctrl+D 组合键再绘制一个同样大小的圆形，并移动其位置，效果如图 3-30 所示。

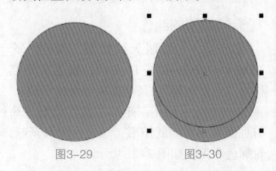

图3-29　　　　　　　图3-30

【步骤3】使用"选择工具"将两个圆形选中，然后单击属性栏中的"移除前面的对象"按钮如图 3-31 所示，效果如图 3-32 所示。

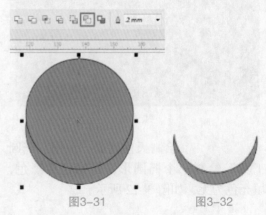

图3-31　　　　　　图3-32

【步骤4】选中椭圆形，执行"对象"→"变换"→"倾斜"命令，设置水平倾斜 x 值为 30°，竖直倾斜对象 y 值为 10°，"使用锚点"为"左上"，"副本"为"2"，如图 3-33 所示。

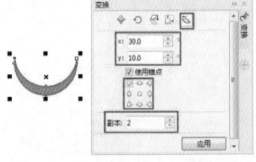

图3-33

【步骤5】单击"应用"按钮，效果如图 3-34 所示。然后将上面图形的填充色改为红色，中间色改为蓝色，如图 3-35 所示，再将全部形状选中，按 Ctrl+G 组合键群组。

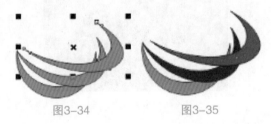

图3-34　　　　　图3-35

【步骤6】按 Ctrl+D 组合键再绘制图 3-35 所示的图形，然后用"选择工具"将其选中并旋转至如图 3-36 所示的形状，到此天使翅膀和环球标志制作完成，只需要添加上合适的文字即可。

图3-36

3.2　拼图游戏设计

3.2.1　任务分析

拼图游戏任务主要利用了"图纸工具"和"图框精确裁剪"中的"置于图文框内部"，以及"合并""修剪"命令等小技巧，如图 3-37 所示。

图3-37

3.2.2　任务实现

【步骤1】新建一个页面大小为 A4 的空白文档，设置为"横向放置"，文档名称为"拼图游戏"，其他选项可保持不动。

【步骤2】使用"图纸"工具 绘制一个 4 行 3 列的网格，如图 3-38 所示，网络大小随拼图的大小来确定。

拼图游戏
设计

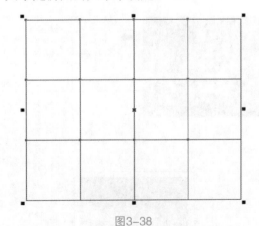

图3-38

【步骤3】执行"文件"→"导入"命令，导入一张用户自己喜欢的图片，如图 3-39 所示。

图3-39

【步骤4】图片导入后，选中导入的图片，然后执行"对象"→"图框精确裁剪"→"置于图文框内部"命令，如图3-40所示。这时出现如图3-41所示的黑色箭头，单击任意位置将导入的图片置于网格中，如图3-42所示。

图3-40

图3-41

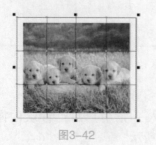

图3-42

【步骤5】执行"对象"→"图框精确裁剪"→"按比例填充框"命令，如图3-43所示，这时图片将充满网格，如图3-44所示。

图3-43

图3-44

【步骤6】在网格上右击，从弹出的快捷菜单中执行"取消组合对象"命令，如图3-45所示，然后单个移开网格，最后制作的效果如图3-46所示。

图3-45

图3-46

【步骤 7】用椭圆工具随意绘制若干个圆形，放置在网格上面，效果如图 3-47 所示。

图3-47

【步骤 8】以右下角和右中方格为例，先选中上面的圆形再选中右下角方格，然后单击"合并"按钮，如图 3-48 所示。

图3-48

【步骤 9】同时选中右下角和右中方格，单击"修剪"按钮，效果如图 3-49 所示。

图3-49

【步骤 10】其余方格与圆形都按上述方法操作，完成后效果如图 3-50 所示。

图3-50

【步骤 11】把方格移开，最终效果如图 3-51 所示，有兴趣的同学也可以把方格旋转打乱再拼接起来。

图3-51

3.3 剪纸小闹钟设计

3.3.1 任务分析

先设计一个创意的红色剪纸窗贴花纹，剪纸主要使用到了图形的"旋转复制""结合"命令。表盘的制作主要使用了"旋转"和"移除前面对象""对齐方式"命令，然后两者结合在一起即可完成剪纸小闹钟的制作，如图 3-52 所示。

图3-52

3.3.2 知识储备

1. 对齐对象

在绘制一些图形或排版文字时，CorelDRAW 为用户提供非常方便的对齐与分布命令，使用"对齐"命令时必须是两个或两个以上对象。完成对象的"对齐和分布"有 4 种方法：第一种方法通过"对象"→"对齐与分布"命令；第二种方法通过"对齐与分布"泊坞窗；第三种方法通过快捷键；第四种方法通过选中要对齐的对象（至少 2 个），在属性栏中单击"对齐与分布"按钮，出现"对齐与分布"面板。

对齐功能很好理解，从图标上一目了然。包括了左对齐、水平居中对齐、右对齐、顶端对齐、垂直居中对齐、底端对齐，如图 3-53 所示。不仅如此，CorelDRAW X7 还给用户提供了较多的对齐对象，其中有活动对象、页面边缘、页面中心、网格和指定点。利用这些对象作为参照物是非常

方便的。

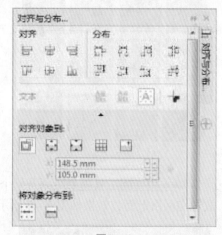

图3-53

（1）左对齐（L）：选中如图 3-54 所示的全部图形，执行"左对齐"命令后所有的对象向最左边进行对齐，对齐后效果如图 3-55 所示。

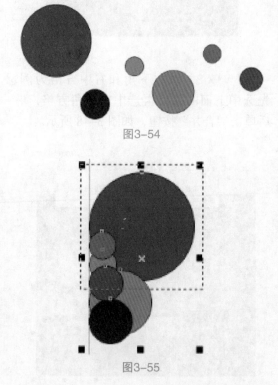

图3-54

图3-55

（2）右对齐（R）：选中如图 3-54 所示的全部图形，执行"右对齐"命令后所有的对象向最右边进行对齐，效果如图 3-56 所示。

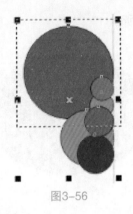

图3-56

（3）顶端对齐（T）：选中如图 3-54 所示的全部图形，执行"顶端对齐"命令后所有的对象向最顶端进行对齐，对齐后效果如图 3-57 所示。

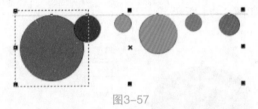

图3-57

（4）底端对齐（B）：选中如图 3-54 所示的全部图形，执行"底端对齐"命令后所有的对象向最底端进行对齐，对齐后效果如图 3-58 所示。

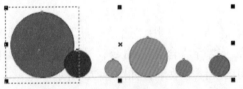

图3-58

（5）水平居中对齐（E）：选中如图 3-54 所示的全部图形，执行"水平居中对齐"命令后所有的对象向水平方向的中心点进行对齐，对齐后效果如图 3-59 所示。

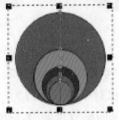

图3-59

（6）垂直居中对齐（C）：选中如图 3-54 所示的全部图形，执行"垂直居中对齐"命令后所有的对象向垂直方向的中心点进行对齐，对齐后效果如图 3-60 所示。

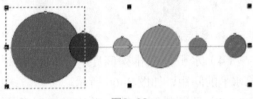

图3-60

在进行对齐操作的时候，除了分别单独进行操作外，也可以进行组合使用，现以水平居中和垂直居中为例来进行说明。将图 3-54 所示的图形进行水平居中再进行垂直对齐后会组成一个同心圆，如图 3-61 所示。其他对齐的混合使用情况请读者自己进行操作验证，在此不再赘述。

图3-61

2. 分布对象

有时遇到很多个零散的图形（图 3-62），或者图片等其他的对象，需要等距离分布排列，具体怎样操作实现呢？

（1）左分散排列：平均设置对象左边缘的间距。如图 3-62 所示的对象全部选中后执行"左分散排列"命令后效果如图 3-63 所示。

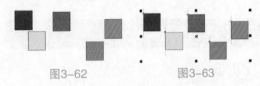

图3-62　　　　　　图3-63

（2）水平分散排列中心：平均设置对象水平中心的间距，如图 3-64 所示。

45

（3）右分散排列：平均设置对象右边缘的间距，如图3-65所示。

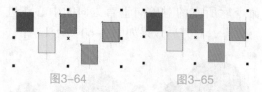

图3-64　　　　　图3-65

（4）水平分散排列间距：平均设置对象水平的间距，如图3-66所示。

（5）顶部排列分散：平均设置对象上边缘的间距，如图3-67所示。

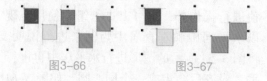

图3-66　　　　　图3-67

（6）垂直分散排列中心：平均设置对象垂直中心的间距，如图3-68所示。

（7）底部分散排列：平均设置对象下边缘的间距，如图3-69所示。

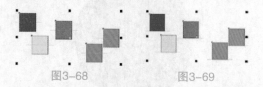

图3-68　　　　　图3-69

（8）垂直分散排列间距：平均设置对象垂直的间距，如图3-70所示。

不同的对齐方式之间、不同的分布之间及对齐和分布之间都可以进行混合使用。例如，对图3-70所示的色块先进行"垂直居中对齐"后再进行"水平分散排列间距"，效果如图3-71所示。

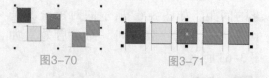

图3-70　　　　　图3-71

3.3.3 任务实现

剪纸小闹钟设计

1. 剪纸的制作

【步骤1】新建一个文件，用椭圆工具在绘图区域绘制一个椭圆形，并填充红色，

如图3-72所示。

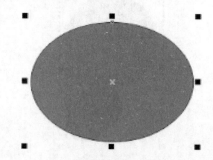

图3-72

【步骤2】打开"变换"泊坞窗或执行"对象"→"变换"→"旋转"命令。参数设置如图3-73所示，相对中心为右中，副本为9，设置好后单击"应用"按钮，效果如图3-74所示。

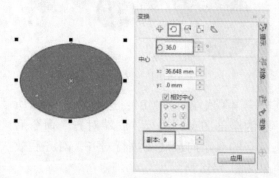

图3-73

【步骤3】用"选择工具"框选全部图形，执行"合并"命令，这时交叉图形中间出现镂空效果，如图3-75所示。

图3-74　　　　　图3-75

【步骤4】接着再次全选图形，再执行"对象"→"变换"→"旋转"命令，参数设置不变，相对中心点设置为"中上"，单击"应用"按钮后效果如图3-76所示。

46

【步骤 5】用"选择工具"框选全部图形，执行"合并"命令后去除轮廓线得到效果如图 3-77 所示。到此这样一个复杂图形的剪纸效果就完成了，是不是很简单，需要注意的是选择的相对中心点不同，运算出来的图案效果也就不同。读者也可以尝试其他图形，如方块、五角星，而且每次的效果都会不一样，任意效果都很完美。

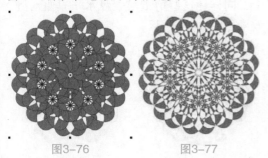

图3-76　　　　　图3-77

2. 表盘的制作

【步骤 1】绘制一个长为 110mm、宽为 0.2mm、没有轮廓线的矩形，填充色为黑色，效果如图 3-78 所示。

图3-78

【步骤 2】执行"对象"→"变换"→"旋转"命令，旋转角度设置为 1.2°，相对中心点设置为"中"，单击"应用"按钮后效果如图 3-79 所示。

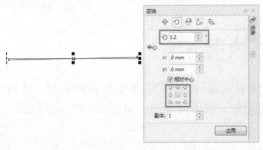

图3-79

【步骤 3】按住 Ctrl+D 组合键不放，不停地复制矩形，直到出现如图 3-80 所示的图形并群组起来。

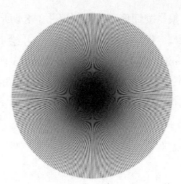

图3-80

【步骤 4】按住 Ctrl 键绘制圆形，并在属性栏中将其大小改为长 107mm、宽 107mm，选中圆形与上一步群组的图形，按 C 键，再按 E 键，使两个图形水平与垂直都对齐，再单击属性栏上的"移除前面对象"按钮，效果如图 3-81 所示。

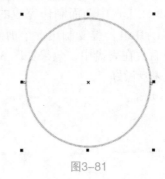

图3-81

【步骤 5】再绘制与步骤 1 一样的矩形，将它们水平与垂直都对齐，效果如图 3-82 所示。

【步骤 6】参照步骤 2，将旋转角度设置为 6°，复制出多个矩形并群组，效果如图 3-83 所示。

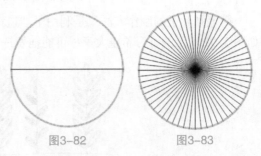

图3-82　　　　　图3-83

【步骤 7】参照步骤 4，作一个直径 103mm 的圆形，再单击属性栏中的"移除前面对象"按钮 ⬚，效果如图 3-84 所示。

【步骤8】参照前面几步，再绘制一个长 110mm、宽 1mm 的矩形，旋转 30°，多次复制，再做一个直径为 100mm 的正圆形，执行"移除前面对象"命令后效果如图 3-85 所示。

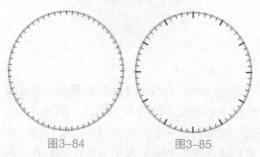

图3-84　　　　　　图3-85

【步骤9】用矩形工具绘制表针，绘制好后将表盘群组，效果如图 3-86 所示。

【步骤10】选中前面制作完成的剪纸，然后按 Ctrl+D 组合键复制出 5 个剪纸并将它们缩小后放在表盘中，效果如图 3-87 所示，至此表盘做好了。

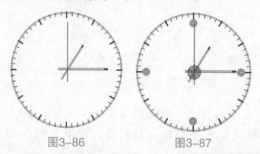

图3-86　　　　　　图3-87

3. 剪纸表盘合并

【步骤1】绘制一个填充色为粉蓝色、无轮廓线的正圆形，并放于前面制作完成的剪纸中间，水平垂直对齐后并群组，效果如图 3-88 所示。

【步骤2】将上面完成的表盘缩小成与前面所绘制正圆形大小一样后移动到剪纸上，同样让这些剪纸与表盘水平垂直对齐，效果如图 3-89 所示。

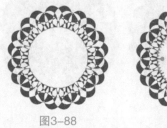

图3-88　　　　　　图3-89

【步骤3】最后导入一个合适的图片作为剪纸闹钟的背景，效果如图 3-90 所示。

图3-90

3.4　课堂练习——绘制简笔画叶子

简笔画叶子的制作方法只是利用了"造型"命令就可以做出各种各样的叶片和造型，通过如图 3-91 所示的练习希望大家尽可能地发挥自己的想象，利用所学知识做出更多更好的作品。

图3-91

课后练习

一、选择题

1. 下列方法中，可以把两个或多个对象相互重叠的图形对象创建成一个新形状的图形对象的是（　　）。

A. 相交 　　　　　　B. 焊接 　　　　　　C. 修剪 　　　　　　D. 群组

2. 如果用户是使用圈选法选择想要合并的对象，那么合并对象后所创建的对象的填充和轮廓属性将会由（　　）对象的轮廓和填充属性所决定。

A. 最底层 　　　　　B. 最上层 　　　　　C. 最顶层 　　　　　D. 中间层

3. 使用鼠标单击并拖动旋转对象时，如果按住 Ctrl 键，将会以多大的角度倍数进行旋转操作（　　）。

A. 30° 　　　　　　　B. 15° 　　　　　　　C. 45° 　　　　　　　D. 90°

4. 在 CorelDRAW 中，可以执行"导入"命令的文件格式有（　　）。

A. ＊.EPS 　　　　　B. ＊.PDF 　　　　　C. ＊.PSD 　　　　　D. ＊.XLS

5. 利用"对象"→"修整"→"焊接"命令对框选的多个对象进行焊接，处理后的对象将采用（　　）。

A. 位于最上层对象的填充和轮廓 　　　　B. 位于最底层对象的填充和轮廓

C. 最后一个被选定对象的填充和轮廓 　　D. 用第一个被选定对象的填充和轮廓

6. 使用（　　）命令整形对象，可以将工作区中相互重叠的多个对象的公共区域创建成图形对象。

A. 焊接 　　　　　　B. 修剪 　　　　　　C. 相交 　　　　　　D. 吸附

二、操作题

要求：页面设置为 B5 纸、横向；尺寸为 150mm×120mm；如图 3-92 所示的样式进行填充。

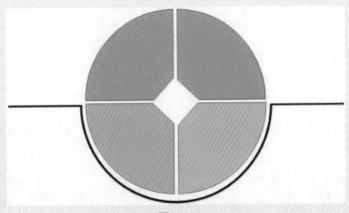

图3-92

第 4 章

编辑轮廓线和填充颜色

色彩给人的印象特别强烈，所以作为设计师，就必须懂得和色彩沟通，了解它们，通过色彩去表达自己的设计意念。色彩作为设计的一个重要的构成要素，也被用来传达产品的某些信息。产品的色彩设计要把形、色、质的综合美感形式与人机环境的本质有机结合起来，才能取得完美的造型效果。本章将通过"绘制卡通头像""绘制卡通插画""绘制精美壁纸"3个案例对编辑轮廓线和填充颜色的高级技巧和轮廓工具属性进行详细讲解。

学习目标

1. 掌握"轮廓笔工具""轮廓色""轮廓宽度""颜色、图案、底纹、网格填充""将轮廓转为对象"，能够设置更改轮廓线的各种属性，设置更改轮廓线的颜色，设置更改轮廓线的宽度，能够绘制图案，能够将轮廓转为对象进行编辑。
2. 运用轮廓笔工具、轮廓色、轮廓宽度绘制卡通头像。
3. 运用颜色填充、轮廓笔工具、轮廓宽度绘制卡通插画。
4. 运用步长和重复、形状工具，绘制精美壁纸。

4.1 绘制卡通头像

为自己的网站设计一个个性化的头像，一定会让网站增色不少。本任务以绘制如图 4-1 所示的卡通头像为切入点，通过卡通头像的绘制使同学们掌握在 CorelDRAW X7 中编辑轮廓和填充颜色等操作技巧。

图4-1

4.1.1 任务分析

在"卡通头像"的绘制过程中，通过编辑修改对象轮廓线的样式、颜色、宽度、造型等属性使卡通头像颜色更加丰富、线条生动活泼，从而提高设计制图水平及色彩搭配能力。

4.1.2 知识储备

1. "轮廓笔"对话框

"轮廓笔"工具用于设置轮廓线的属性，包括颜色、宽度、样式、斜接限制、箭头、书法等，如图 4-2 所示。

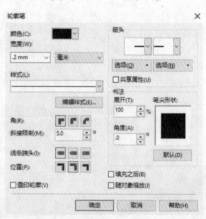

图4-2

（1）颜色：单击"颜色"旁边小三角下拉按钮，可以选择已有的颜色进行填充，也可以单击"滴管"按钮吸取下拉列表中的颜色进行填充。

（2）宽度：设置轮廓线的宽度，可以手动输入数值也可进行选择，在后面的列表框中选择单位。

（3）样式：可以在下拉列表中选择线条的样式。

（4）编辑样式：可以自定义编辑线条的样式。

（5）斜接限制：用于消除添加轮廓时出现的尖突情况，可以直接在文本框中输入数值进行修改，数值越小越容易出现尖突，正常情况下45°为最佳，低版本CorelDRAW默认45°，高版本CorelDRAW默认5°。

（6）角：用于轮廓线夹角样式的变更。

①尖角：点选后轮廓线变为尖角显示，默认情况下为尖角。

②圆角：点选后轮廓线变为圆角显示。

③平角：点选后轮廓线变为平角显示。

（7）线条端头：用于设置单线条或未闭合路径线段顶端的样式（节点在线段边缘、使端点更平滑、节点包裹在线段内）。

（8）箭头：可以设置添加左边与右边端点的箭头样式。

（9）选项：左右边两个选项可以进行快速操作和编辑设置，分别控制相应方向的箭头样式（无、对换、属性、新建、编辑、删除、共享属性）。

（10）书法：可以将单一粗细的线条修饰为书法线条（展开、角度、笔尖形状、默认）。

（11）随对象缩放：选中该复选框后，在放大或缩小对象时，轮廓线也会随之进行变化；不选中该复选框，轮廓线宽度不变。

2. 轮廓色

设置轮廓线的颜色可以将轮廓与对象分开，也可以使轮廓线效果更丰富。设置轮廓线颜色的方法有以下3种

（1）选中对象，在右边的默认调色板中右击进行修改，默认情况下，单击为填充对象，右击为填充轮廓线。

（2）选中对象，在状态栏上双击轮廓线颜色进行改变，在弹出"轮廓线"对话框中进行修改。

（3）选中对象，打开"轮廓笔"对话框，在该对话框"颜色"文本框中输入数值进行填充。

3. 填充工具

"填充工具"（CorelDRAW X7中的"填充工具"全部放在了"交互式填充工具"下面）包含均匀填充、渐变填充、向量图样填充、位图图样填充、双色图样填充、复制填充等填充方式，如图4-3所示。

图4-3

（1）均匀填充：可以为对象填充单一颜色，也可在调板中单击颜色进行填充。

（2）渐变填充：可以为对象添加两种或多种颜色的平滑渐进色彩效果，包括线性、辐射、锥形和方形4种填充类型，在设计创作中用于表现物体质感及丰富的色彩变化。

（3）向量图样填充：可以直接为对象填充预设的图案，也可以用绘制的对象或导入的图像创建图样进行填充（双色填充、全色填充、位图填充、填充的设置）。

（4）位图图样填充：是将预先设置好的许多规则的彩色图片填充到对象中，这种图案和位图图像一样，有着丰富的色彩。

（5）双色图样填充：只有两种颜色，虽然没有丰富的颜色，但刷新和打印速度较快，是用户非常喜爱的一种填充方式。

（6）复制填充：将一个对象的填充效果复制填充到另一个对象中。

4. 网状填充

使用"网状填充工具"，可以设置不同的网格数量和调节点位置给对象填充不同颜色的混合效果，通过"网状填充"属性栏的设置和基本使用方法的学习，可以掌握"网状填充工具"的基本使用方法。属性栏的设置如图4-4所示。

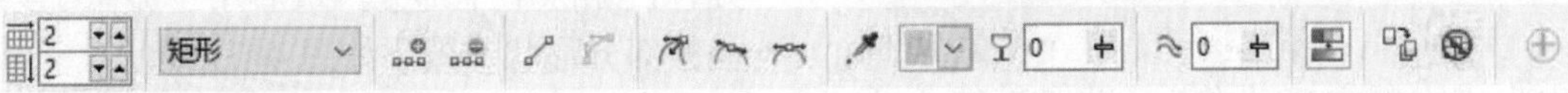

图4-4

（1）网格大小：可分别设置水平方向和垂直方向上的网格数目。

（2）选取范围模式：单击该下拉按钮，可以在该选项的列表中选择"矩形"或"手绘"作为选定内容的选取框。

（3）添加交叉点：可以在网状填充的网格中添加一个交叉点（使用鼠标左键单击填充对象的空白处出现一个黑点时，该按钮才可用）。

（4）删除节点：删除所选节点，改变曲线对象的形状。

（5）转换为线条：将所选节点处的曲线转换为线条。

（6）转换为曲线：将所选节点对应的直线转换为曲线，转换为曲线后的线段会出现两个控制柄，通过调整控制柄更改曲线的形状。

（7）尖突节点：单击该按钮可将所选节点转换为尖突节点。

（8）平滑节点：该按钮可以将所选节点转换为平滑节点，提高曲线的圆润度。

（9）对称节点：将同一曲线形状应用到所选节点的两侧，使节点两侧的曲线形状相同。

（10）平滑网状颜色：减少网状填充中的硬边缘，使填充颜色过渡更加柔和。

（11）选择颜色：从文档窗口中对选定节点进行颜色选取。

（12）网状填充颜色：为选定节点选择填充颜色。

（13）透明度：设置所选节点透明度，单击透明度选项出现透明度块，然后拖曳滑块，即可设置所选节点区域的透明度。

（14）清除网状：移除对象中的网状填充。

4.1.3 任务实现

绘制卡通
头像

【步骤1】新建空白文档。设置文档名称为"绘制卡通头像"，设置页面大小

"宽"为100mm、"高"为100mm，如图4-5所示。

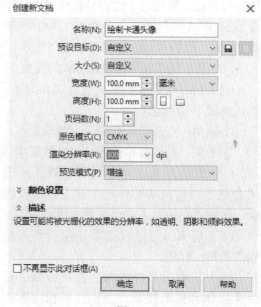

图4-5

【步骤2】绘制脸型。选择"椭圆形工具" ⊙，按住Ctrl键绘制正圆形，如图4-6所示，颜色填充为（C：69，M：24，Y：2，K：0），"轮廓宽度"为0.75mm，效果如图4-7所示。

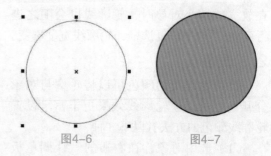

图4-6　　　　　　图4-7

【步骤3】修剪脸型。选择"椭圆形工具"绘制一个椭圆形，颜色填充为白色，"轮廓宽度"为0.75mm，如图4-8所示，选择"钢笔工具"在椭圆形下半部分绘制弧线，然后用弧线来修剪椭圆形，如图4-9与图4-10所示，接着将修剪好的椭圆形拆分，再删除下半部分，最后用"形状工具"调整部分形状，效果如图4-11所示。

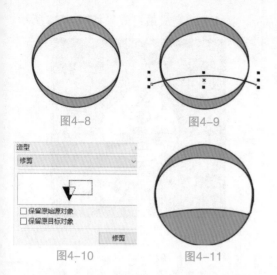

图4-8　　　　　　　　图4-9

图4-10　　　　　　　　图4-11

【步骤4】绘制眼睛。选择"椭圆形工具"绘制一个椭圆形作为左边眼睛，颜色填充为白色，"轮廓宽度"为0.75mm，将左边眼睛进行复制得到右边眼睛，将复制的眼睛"水平镜像"，效果如图4-12所示：

【步骤5】绘制眼球。选择"椭圆形工具"绘制一个椭圆形作为左边眼球，颜色填充为黑色，"轮廓宽度"为无，在黑色眼球上绘制一个椭圆形作为眼球的高光，颜色填充为白色，"轮廓宽度"为无，复制眼球和高光得到右边眼球，效果如图4-13所示。

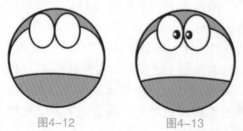

图4-12　　　　　　　　图4-13

【步骤6】绘制鼻子。选择"椭圆形工具"绘制一个椭圆形，作为"卡通头像"的鼻子，颜色填充为（C：4，M：94，Y：89，K：0），"轮廓宽度"为0.75mm，用"形状工具"调整部分形状，选择"椭圆形工具"给鼻子绘制高光，填充色为白色，"轮廓宽度"为无，最后选择"钢笔工具"绘制鼻子人中和反光部分，并调整反光部分透明度为"30"，效果如图4-14所示。

图4-14

【步骤7】绘制嘴巴。选择"椭圆形工具"绘制一个椭圆形作为"卡通头像"的嘴巴，颜色填充为（C：0，M：92，Y：82，K：0），"轮廓宽度"为0.75mm，效果如图4-15所示；选择"钢笔工具"，绘制如图4-16所示曲线，然后用曲线修剪椭圆形，执行"窗口"→"泊坞窗"→"造型"命令，弹出"造型"泊坞窗，选中"保留原始源对象"复选框，如图4-17所示，右击拆分曲线，删除椭圆形上半部分，效果如图4-18所示。

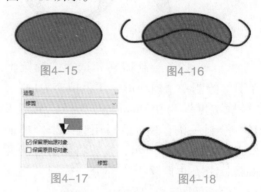

图4-15　　　　　　　　图4-16

图4-17　　　　　　　　图4-18

【步骤8】绘制舌头。选择"贝塞尔工具"绘制舌头，选择"涂抹工具"进行形状调整，颜色填充为（C：0，M：60，Y：60，K：0），"轮廓宽度"为0.75mm，效果如图4-19所示。

【步骤9】绘制肚皮。选择"椭圆形工具"绘制一个椭圆形，作为"卡通头像"的肚皮，颜色填充为白色，"轮廓宽度"为0.75mm，并把顺序调整到嘴巴下方，效果如图4-20所示。

图4-19　　　　　　　　图4-20

【步骤 10】绘制绳子。选择"矩形工具"绘制矩形条，颜色填充为（C：0，M：92，Y：82，K：0），"轮廓宽度"为 0.75mm，选择"涂抹工具"进行形状调整，效果如图 4-21 所示。

【步骤 11】绘制铃铛。选择"椭圆形工具"绘制一个椭圆形，作为"卡通头像"铃铛外轮廓，颜色填充为（C：17，M：6，Y：98，K：0），"轮廓宽度"为 0.75mm，并选择"钢笔工具"绘制弧线及小竖线，选择"椭圆形工具"绘制正圆形，颜色填充为黑色，轮廓色为无，效果如图 4-22 所示。

图4-21　　　　图4-22

【步骤 12】绘制口袋。选择"椭圆形工具"绘制一个椭圆形，颜色填充为白色，"轮廓宽度"为 0.75mm，并选择"钢笔工具"绘制一条直线，然后用直线来修剪椭圆形，如图 4-23 所示，接着将修剪好的椭圆形拆分，再删除上半部分，得到最终图形，效果如图 4-23 所示。

【步骤 13】绘制投影。选择"椭圆形工具"绘制一个椭圆形，颜色填充为（C：17，M：6，Y：98，K：0），"轮廓宽度"为无，调整椭圆形透明度为"10"，放到如图 4-24 所示的位置。

图4-23　　　　图4-24

【步骤 14】把绘制好的"哆啦 A 梦"头像全部选中并群组，移动到"哆啦 A 梦"

背景素材上，完成最终效果如图 4-25 所示。

图4-25

4.2　绘制卡通插画

插画的应用范围非常广泛，它包括出版物（书籍的封面、书籍的内页、书籍的外套、书籍的内容辅助等都会使用插画）、商业宣传类（包括报纸广告、杂志广告、招牌、海报、宣传单、电视广告中会使用插画）、商业形象设计（商品标志与企业形象）、商品包装设计（包装设计及说明图解消费指导、商品说明、使用说明书、图表、目录等等）、影视多媒体（影视剧、广告片、网络等方面的角色及环境美术设定或界面设计）、游戏设计（游戏宣传插画、游戏人物设定、场景设定）。

本任务是绘制一幅卡通插画，如图 4-26 所示，通过本任务的学习，大家可以熟练掌握颜色填充、轮廓笔工具、轮廓宽度等操作技巧。

图4-26

4.2.1　任务分析

关于"绘制卡通插画"的制作，可以从以下几个方面进行分析。

（1）插画背景：该任务以纯色色调为背景，体现一种简约朴素的画风。

（2）山坡、草丛：主要运用贝塞尔工具结合形状工具通过绘制、复制、调整得到，整体色调仍然采用高级灰色调，这样与背景相得益彰。

（3）太阳、云朵：太阳主要运用椭圆形工具、修剪等手法绘制，整体色调采用太阳的砖红色调，保持画风一致性。

（4）导入大雁和松树素材：一动一静为画面锦上添花，完成一幅精美插画制作。

4.2.2　知识储备

"贝塞尔曲线"是由法国数学家 Bezier 所发现的一种规律，就是通过确定"多个节点的位置及节点控制线的方向与位置"即可描述出任意形态的曲线，贝塞尔曲线是计算机绘图软件最基本的理论依据。

1. 直线绘制

单击工具箱中的"贝塞尔工具"，在页面空白位置单击，确定起始点，然后移动鼠标指针并单击确定下一个点，此时两点之间出现一条直线（按住 Shift 键可绘制水平与垂直线），如图 4-27 所示。

图4-27

使用"贝塞尔工具"继续移动鼠标指针并单击添加节点，就可以进行连续绘制，如图 4-28 所示；若停止绘制可以按 Backspace 键或单击"选择工具"完成绘制，将首尾两个节点连接可以形成一个面，可进行编辑与填充，如图 4-29 所示。

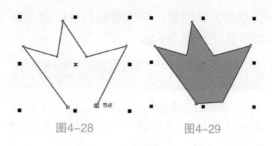

图4-28　　　　图4-29

2. 曲线绘制

"贝塞尔曲线"是可编辑节点连接而成的直线或曲线，每个节点都有两个控制点，用来修改线条的形状。

在曲线线段上，每选中一个节点都会显示其相邻节点一条或两条方向线，如图 4-30 所示。

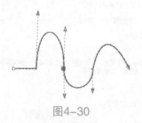

图4-30

方向线与方向点的长短和位置决定曲线线段的大小和弧度形状，移动方向线（方向线也称为控制线，方向点也可以叫控制点）则会改变曲线的形状。

贝塞尔曲线可分为"对称曲线"和"尖突曲线"两种。

（1）对称曲线：调节"控制线"可以使当前节点两端的曲线端等比例进行调整，如图 4-31 所示。

（2）尖突曲线：调节"控制线"只会调节节点一端的曲线，如图 4-32 所示。

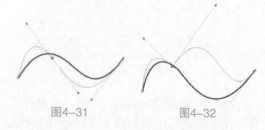

图4-31　　　　图4-32

贝塞尔曲线可以是闭合的线段，也可以是闭合的图形，用户可以利用贝塞尔曲线绘制矢量图案，单独绘制的线段和图案都以图层的形式存在。

4.2.3 任务实现

绘制卡通插画

【步骤1】新建空白文档。设置文档名称为"绘制卡通插画"，设置页面大小为205mm×150mm，如图4-33所示。

图4-33

【步骤2】绘制背景。选择"矩形工具"绘制画板大小的矩形，颜色填充为（C：3，M：8，Y：33，K：0），"轮廓宽度"为无，并选择矩形，执行"对象"→"锁定"→"锁定对象"命令，如图4-34所示。

图4-34

【步骤3】绘制山坡。选择"贝塞尔工具"在矩形底部绘制如图4-35所示的轮廓，结合形状工具进行调整，颜色填充为（C：51，M：33，Y：80，K：0），"轮廓宽度"为无。

图4-35

【步骤4】复制步骤3的轮廓，使用"形状工具"进行逐步调整，得到如图4-36所示的山坡。

图4-36

【步骤5】复制三条山坡形状，进行"水平镜像"变换，并使用"形状工具"进行形状调整，效果如图4-37所示，颜色填充为（C：18，M，27，Y，87，K，0），"轮廓宽度"为无，最后效果如图4-38所示。

图4-37

图4-38

【步骤6】与步骤5相似，通过复制的方式得到另外三条山坡形状，用"形状工具"进行调整，颜色填充为（C: 20, M, 49, Y, 89, K, 0），"轮廓宽度"为无，效果如图4-39所示。

图4-39

【步骤7】绘制草丛。选择"贝塞尔工具"绘制如图4-40所示草丛轮廓，选择"形状工具"进行调整。颜色填充为（C: 92, M, 72, Y, 86, K, 59），"轮廓宽度"为无，效果如图4-41所示。

图4-40

图4-41

【步骤8】选择"贝塞尔工具"绘制如图4-42所示左侧草丛轮廓，选择"形状工具"进行调整。颜色填充为（C: 92, M, 72, Y, 86, K, 59），"轮廓宽度"为无，效果如图4-43所示。

图4-42

图4-43

【步骤9】绘制太阳。选择"椭圆形工具"按住 Ctrl 键绘制正圆形，并执行"对象"→"转换为曲线"组合键（或按 Ctrl+Q 组合键），如图4-44所示，颜色填充为（C: 0, M, 67, Y, 88, K, 0），"轮廓宽度"为无，效果如图4-45所示。

图4-44

图4-45

【步骤10】修剪太阳。选择"贝塞尔工具"绘制如图4-46所示的曲线，选择"形状工具"进行调整，然后选择曲线来修剪太阳，执行"窗口"→"泊坞窗"→"造型"命令，弹出"造型"泊坞窗，如图4-47所示，单击"修剪"按钮，在太阳图形处单击，最后选择太阳右击，选择拆分曲线，将太阳下半部分删除，效果如图4-48所示。

图4-46

图4-47

图4-48

【步骤11】绘制太阳光晕。选择"贝塞尔工具"绘制弧形光晕，按 Space 键结束一段光晕的绘制，绘制多条光晕，"轮廓颜色"为（C: 0, M, 67, Y, 88, K, 0），"轮廓宽度"为1mm，效果如图4-49所示。

图4-49

【步骤12】绘制云朵。选择"贝塞尔工具"绘制如图4-50所示的云朵轮廓，用"形状工具"进行调整，"轮廓宽度"为1mm，"轮廓色"为（C: 0, M, 67, Y, 88, K, 0），同样的方法，绘制右边云朵轮廓，效果如图4-51所示，"轮廓色""轮廓宽度"同左边云朵，填充色为白色，最后效果如图4-52所示。

图4-50

图4-51

图4-52

【步骤 13】导入海鸥素材。执行"文件"→"导入"→"海鸥"选项，放置到如图 4-53 所示的位置。

图4-53

【步骤 14】导入松树素材。执行"文件"→"导入"→"松树"选项，放置到如图 4-54 所示的位置，得到最终效果。

图4-54

4.3　绘制精美壁纸

可爱卡通图案桌面突然出现在你的眼前是不是会心情舒畅无比，瞬间童年的美好回忆展现眼前，本任务就带你回到自己的童话世界。本任务是绘制一张精美壁纸，最终效果如图 4-55 所示，通过本任务学习，读者可以掌握"步长和重复"泊坞窗、将轮廓转为对象、转为曲线等操作技巧。

图4-55

4.3.1　任务分析

关于"绘制精美壁纸"的制作，可以从以下几个方面进行分析。

（1）背景制作：运用圣诞色（蓝色调、红色调）制作壁纸背景，体现圣诞气氛，运用"步长和重复"命令实现。

（2）小猫头像绘制：采用黄色调绘制小猫头像体现活泼童趣氛围，运用轮廓色、轮廓宽度、颜色填充实现。

（3）导入素材：导入边框素材，为小猫进行装饰，增添节日氛围。

4.3.2　知识储备

CorelDRAW X7 中，将轮廓转为对象，针对轮廓线只能进行宽度调整、颜色均匀填充和样式变更等操作，如果在编辑对象时需要对轮廓线进行对象操作时，可以将轮廓线转换为对象，然后进行添加渐变色、添加纹样和其他效果。

选中要编辑的轮廓，如图 4-56 所示，执行"对象"→"将轮廓转换为对象"，如图 4-57 所示。转换为对象后，即可进行形状修改、渐变填充和图案填充等效果。

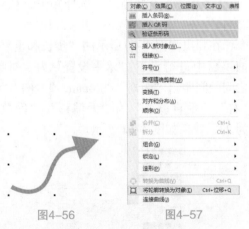

图4-56　　　　图4-57

4.3.3　任务实现

【步骤 1】新建空白文档，设置文档名称为"绘制精美壁纸"，设置页面大小为

绘制精美
壁纸

195mm×145mm，如图4-58所示。

图4-58

【步骤2】绘制背景。选择"矩形工具"，绘制矩形，填充颜色为（C：84，M：46，Y，78，K，6），"轮廓色"为无，效果如图4-59所示。

图4-59

【步骤3】复制矩形。选择矩形，执行"窗口"→"泊坞窗"→"步长和重复"命令，在弹出如图4-60所示的"步长和重复"泊坞窗中进行设置："水平设置"为"对象之间的间距"，"距离"为4mm，"方向"为"右"，"垂直设置"为"无偏移"，"份数"为23，效果如图4-61所示。

图4-60

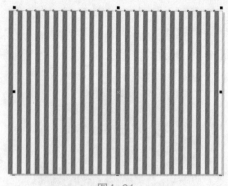

图4-61

【步骤4】选择"矩形工具"，绘制矩形，填充颜色为（C：78，M：33，Y，68，K，0），"轮廓色"为无，如图4-62所示。接着选择该矩形，执行"窗口"→"泊坞窗"→"步长和重复"命令，在弹出如图4-63所示的"步长和重复"泊坞窗中进行设置："水平设置"为"对象之间的间距"，"距离"为4mm，"方向"为"右"，"垂直设置"为"无偏移"，"份数"为23，效果如图4-64所示。

图4-62

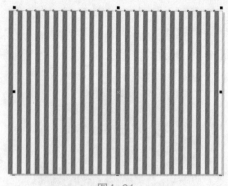

图4-63

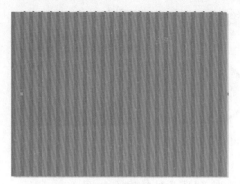

图4-64

【步骤5】绘制底纹。选择"矩形工具"绘制矩形，宽度为4mm，高度为9mm，如图4-65所示。选中该矩形，执行"对象"→"转换为曲线"命令（或按 Ctrl+Q 组合键），选择"形状工具"，单击该矩形，在属性栏中单击"添加节点"按钮，拖动锚点至如图4-66所示的位置，效果如图4-67所示。

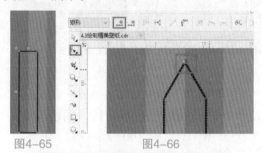

图4-65   图4-66

图4-67

【步骤6】选择该矩形，填充颜色为（C: 28，M，100，Y: 100，K: 0），"轮廓色"为无，如图4-68所示，接着选择该图形，执行"窗口"→"泊坞窗"→"步长和重复"命令，在"步长和重复"泊坞窗中进行设置："水平设置"为"对象之间的

间距"，"距离"为 0mm，"方向"为"右"，"垂直设置"为"无偏移"，"份数"为 47，如图 4-69 所示，最终效果如图 4-70 所示。

图4-68

步长和重复		
☆ 水平设置		
对象之间的间距		
距离:	.0 mm	
方向:	右	
☆ 垂直设置		
无偏移		
距离:	.0 mm	
方向:	上部	
份数:	47	
应用		

图4-69

图4-70

【步骤7】绘制矩形。选择"矩形工具"绘制矩形，如图 4-71 所示，填充颜色为（C: 28, M: 100, Y: 100, K: 0），"轮廓宽度"为无，如图 4-72 所示，框选所有图形并右击，在弹出的快捷菜单中选择"组合对象"命令（或按 Ctrl+G 组合键），如图 4-73 所示。

图4-71

图4-72

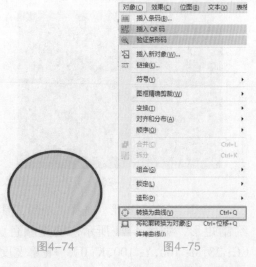

图4-73

【步骤8】绘制小猫。选择"椭圆形工具"绘制椭圆形，颜色填充为（C：0，M，16，Y，94，K，0），"轮廓宽度"为0.5mm，"轮廓色"为（C：53，M，100，Y，100，K，43），如图4-74所示，选择该椭圆形，执行"对象"→"转换为曲线"命令，如图4-75所示。

图4-74　　　　图4-75

【步骤9】选择"变形工具"拖动椭圆形上的锚点，调整椭圆形的形状，如图4-76所示，将椭圆形复制一份并适当放大，置于椭圆形下方，颜色填充为白色，

"轮廓宽度"为无，效果如图4-77所示。

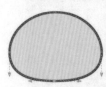

图4-76

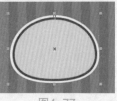

图4-77

【步骤10】绘制耳朵。选择"贝塞尔工具"绘制耳朵外轮廓，如图4-78所示，填充颜色为（C：0，M，16，Y，94，K，0），"轮廓宽度"为0.5mm，"轮廓色"为（C：53，M，100，Y，100，K，43），并复制一个耳朵适当放大，置于耳朵下方，颜色填充为白色，"轮廓宽度"为无，效果如图4-79所示。

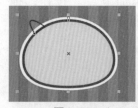

图4-78

图4-79

【步骤11】绘制耳线。选择"椭圆形工具"绘制椭圆形，适当旋转，颜色填充为（C：53，M：100，Y：100，K：43），"轮廓色"为无，效果如图4-80所示。选择"贝塞尔工具"绘制耳部暗影，颜色填充为（C：0，M：41，Y：98，K：0），"轮廓色"为无，效果如图4-81所示。

图4-80

图4-81

【步骤12】选中所有耳朵轮廓，按Ctrl+G组合键，复制左边耳朵，执行"水平镜向"命令，移动位置，效果如图4-82所示。

【步骤13】绘制眼睛。选择"贝塞尔工

具"绘制椭圆形，如图 4-83 所示，颜色填充为白色，"轮廓色"为（C：53，M：100，Y：100，K：43），"轮廓宽度"为 0.25mm，如图 4-84 所示，复制得到另外一只眼睛，如图 4-85 所示。

图4-82　　　　　图4-83

图4-84　　　　　图4-85

【步骤 14】绘制眼球。选择"椭圆形工具"绘制眼球轮廓，如图 4-86 所示，颜色填充为（C：53，M：100，Y：100，K：43），"轮廓色"为（C：53，M：100，Y：100，K：43），"轮廓宽度"为 0.25mm，如图 4-87 所示，复制左边眼球，按住 Shift 键平移得到右边眼球，效果如图 4-88 所示。

图4-86　　　　　图4-87

【步骤 15】绘制嘴巴。选择"贝塞尔工具"绘制嘴巴形状，如图 4-89 所示，"轮廓宽度"为 0.25mm，"轮廓色"为（C：53，M：100，Y：100，K：43）。

图4-88　　　　　图4-89

【步骤 16】绘制胡须。选择"椭圆形工具"绘制如图 4-90 所示 3 个椭圆形，并依次排列，颜色填充为（C：53，M：100，Y：100，K：43），"轮廓色"为（C：53，M：100，Y：100，K：43），"轮廓宽度"为 0.25mm，效果如图 4-91 所示。选择"透明度工具"调整三条胡须透明度为"20"，如图 4-92 所示。选择三条胡须按 Ctrl+G 组合键"组合对象"，如图 4-93 所示。并复制得到右边胡须，执行"水平镜像"命令，按住 Shift 键平移至合适位置，效果如图 4-94 所示。

图4-90　　　　图4-91　　　　图4-92

图4-93　　　　　图4-94

【步骤 17】绘制腮红。选择"贝塞尔工具"绘制椭圆形，如图 4-95 所示。执行"对象"→"转换为曲线"命令（或按 Ctrl+Q 组合键）颜色填充为（C：0，M：94，Y：33，K：0），"轮廓色"为（C：0，M：94，Y：33，K：0），如图 4-96 所示。选择"形状工具"调整椭圆形的形状，如图 4-97 所示。复制左边腮红，按住 Shift 键平移得到右边腮红，效果如图 4-98 所示。

图4-95　　　　　图4-96

图4-97

图4-98

【步骤18】绘制投影。选择"贝塞尔工具"绘制投影外轮廓，如图4-99所示。颜色填充为（C：0，M：42，Y：98，K：0），"轮廓色"为无，效果如图4-100所示。

图4-99

图4-100

【步骤19】置入文件。选择小猫所有形状并右击，在弹出的快捷菜单中选择"组合对象"选项，如图4-101所示，执行"文件"→"导入"→"装饰"命令，调整位置，得到精美壁纸最终效果，如图4-102所示。

图4-101

图4-102

4.4 课堂练习——绘制棒棒糖

案例提示：使用"步长和重复""交互式渐变""椭圆形工具""矩形工具""造型""透明度工具"等完成棒棒糖绘制，效果如图4-103所示。

图4-103

课后练习

一、填空题

1. 渐变填充有线性、_____、锥形和方形 4 种填充模式。

2. "双色图案填充"是由前景色和_____组成的简单图案。

3. 在 CorelDRAW X7 中，常用的颜色模式有_____模式、_____模式、HSB 模式和 Lab 模式。

二、选择题

1. 在使用"渐变填充"时，当选用"双色"时，填充色可以由（　　）颜色变换到另一种颜色。

A. 一种　　　　　　B. 两种　　　　　　C. 三种　　　　　　D. 四种

2. "图样填充"是使用预先生成的图案填充所选的对象。它包括（　　）、"全色图案填充"和"位图图案填充"

A. 红颜色填充　　　B. 黄颜色填充　　　C. 双色图案填充　　D. 蓝颜色填充

3. （　　）被公认为标准颜色模式。

A.HSB 模式　　　　B.Lab 模式　　　　C.CMYK 模式　　　　D.RGB 模式

三、操作题

制作"电池图标"效果如图 4-104 所示（提示：使用"步长和重复""交互式渐变""圆角""矩形工具""透明度工具"等完成电池图标绘制）。

图4-104

第5章

排列和组合对象

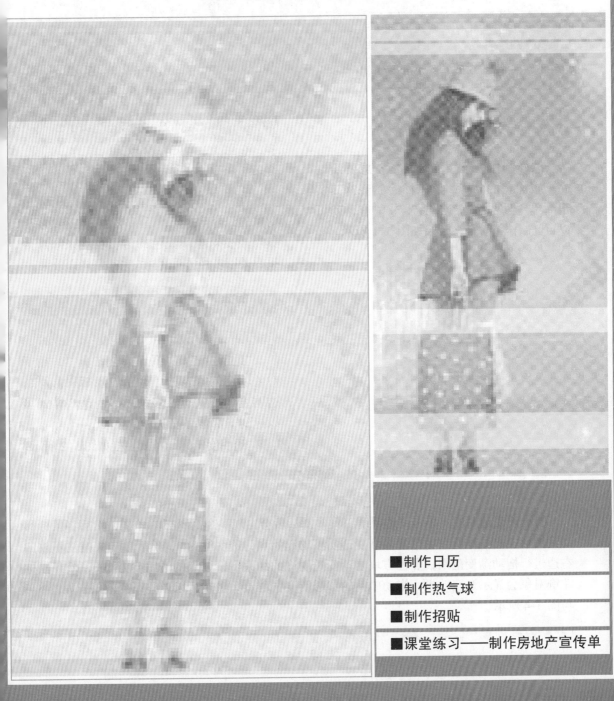

CorelDRAW X7 提供了多个命令和工具来排列和组合图形对象，本章主要介绍排列和组合对象与分布的功能以及相关的技巧。本章将通过"制作日历""制作热气球""制作招贴"3个案例对排列和组合绘图中的图形进行详细讲解。

🔎 学习目标

1. 组合对象、排列与分布功能的运用。
2. 掌握"透明工具"应用不同的透明度渐变，设置矢量图/位图图样的透明度。
3. 掌握"刻刀工具"完成对对象的一分为二。
4. 掌握"调和工具"使分离的矢量图形对象之间产生形状、颜色、轮廓及尺寸上的平滑变化，从而实现立体效果。
5. 掌握"粗糙笔刷工具"改变矢量图形对象中曲线的平滑度，使图形产生粗糙的、锯齿或尖突的边缘变形效果。

5.1　制作日历

怎样制作一个漂亮的日历？想要绘制一个很漂亮的日历，该怎样绘制呢？其实很简单，只要熟练地掌握本节内容，就可以自己制作了。最终效果如图5-1所示。

图5-1

5.1.1　任务分析

关于"日历"的制作，可以进行如下分析。

在"日历"的制作过程中，除了完成对象的组合与排列，还可以运用"透明度工具"改变对象填充色的透明程度来添加效果，采用多种透明度样式来丰富画面效果。

5.1.2　知识储备

1. 透明工具

"透明度工具"位于左侧工具栏，用于对象填充色的透明程度的改变来添加效果，透明度的样式有很多种，运用这些样式可以达到丰富画面效果的作用。

"透明度工具" 属性栏如图5-2所示。

图5-2

（1）渐变透明度：单击"透明度工具"图标后会出现一个高脚杯图样，然后将鼠标移动到图形上，鼠标所在的位置为渐变透明度的起始点，透明度为0，然后单击并按住不放向右边进行拖动渐变范围，黑色方块是渐变透明度的结束点，该点的透明度为100，松开鼠标左键对象会显示渐变效果，拖动中间的"透明度中心点"滑块可以调整渐变效果，如图5-3与图5-4所示。

图5-3

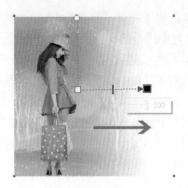

图5-4

（2）渐变的类型："线性渐变透明度""椭圆形渐变透明度""锥形渐变透明度"和"矩形渐变透明度"可以在属性栏中进行切换，绘制方法相同。

（3）均匀透明度：选中添加透明度的对象，然后单击"透明度工具"图标，在属性栏选择"均匀透明度"，再通过调整"透明度"来设置透明度大小，如图 5-5 与图 5-6 所示。

图5-5

（4）图样透明度：选中添加透明度的对象，然后单击"透明度工具"图标，在属性栏中选择"向量图样透明度"，再选取合适的图样，接着通过调整"前景透明度"和"背景透明度"来设置透明度大小，如图 5-7 与图 5-8 所示。

图5-6

图5-7

图5-8

调整图样透明度矩形范围线上的白色圆点，可以调整添加图样的大小，矩形范围越大，图样越大，效果如图 5-9 所示。

矩形范围越小，图样越小，效果如图 5-10 所示。调整图样透明度矩形范围上的控制柄，可以变换图样的倾斜旋转效果，效果如图 5-11 所示。

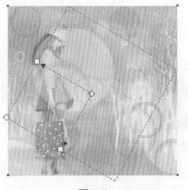

图5-9

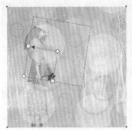

图5-10　　图5-11

（5）图样的类型："向量图样透明度""位

图图样透明度"和"双色图样透明度"可以在属性栏中进行切换，绘制方法相同。

（6）底纹透明度：选中添加透明度的对象，然后单击"透明度工具"图标 🔹，在属性栏中选择"位量图样透明度"，再选取合适的图样，接着通过调整"前景透明度"和"背景透明度"来设置透明度大小，如图5-12与图5-13所示。

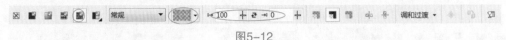

图5-12

图5-13

2. 透明度设置通用选项介绍

（1）编辑透明度 🔲：以颜色模式来编辑透明度的属性。单击此按钮，打开"编辑透明度"对话框，在对话框中设置"调和过渡"可以变换透明度中的类型、选择透明度的目标、选择透明度的方式；"变换"可以设置渐变的偏移、旋转和倾斜；"节点透明度"可以设置渐变的透明度，颜色越浅透明度就会越低，颜色越深透明度就会越高；"中点"可以调节透明度渐变的中心点，如图5-14所示。

制作日历

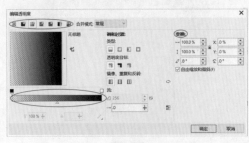

图5-14

（2）透明度类型：分为"无透明度""均匀透明度""线性渐变透明度""椭圆形渐变透明度""圆锥形渐变透明度""矩形渐变透明度""向量图样透明度""位图透明度""双色图样透明度""底纹透明度"，以上均可在属性栏中进行应用。

5.1.3　任务实现

1. 组合对象

【步骤1】新建空白文档。设置文档名称为"日历"，设置页面大小为100mm×130mm，如图5-15所示。

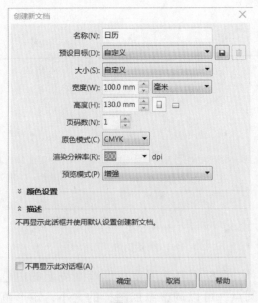

图5-15

【步骤 2】导入素材 "1" 号文件，接着单击左侧工具栏 "选择工具" 图标 ，将素材调整至合适大小，放置页面中间，效果如图 5-16 所示。

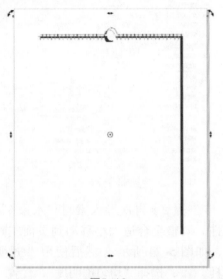

图5-16

【步骤 3】导入素材 "2" 号文件，使用 "选择工具"，将素材调整至合适大小，放置页面下方，如图 5-17 所示。

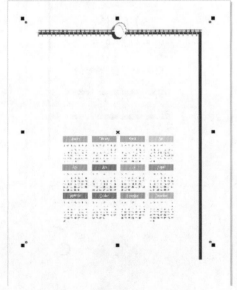

图5-17

【步骤 4】导入素材 "3" 号文件，使用 "选择工具" 调整至合适大小，放在页面中间位置，效果如图 5-18 所示。

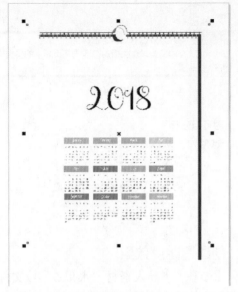

图5-18

【步骤 5】导入素材 "4" 号文件，使用 "选择工具" 调整至合适大小，放在页面中间位置，效果如图 5-19 所示。

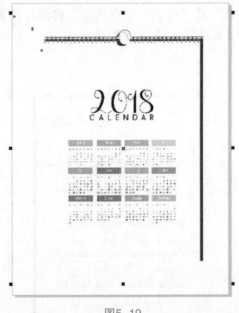

图5-19

【步骤 6】双击 "选择工具"，全选所有导入素材，单击 "对齐与分布" 图标 ，如图 5-20 所示，再单击右侧 "水平居中对齐" 图标把所有对象居中对齐，如图 5-21 所示。

图5-20

图5-21

2.创建透明度效果

【步骤1】导入素材"水果5"号文件，调整至合适大小移动到页面右上方位置，然后使用"透明度工具" 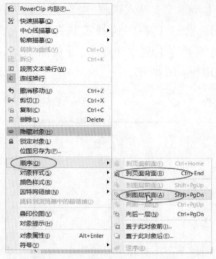，在图片上向左侧拖动渐变，使图片与页面渐变融合，如图5-22所示。然后在图片上右击，在弹出的快捷菜单中选择"顺序"→"到页面背面"或"向后一层"选项，将图片移置合适层面，如图5-23所示。

图5-23

【步骤2】再次导入素材"水果5"号文件，调整至合适大小移动到页面左侧位置，如图5-24所示，然后使用"透明度工具"，选择"均匀透明度"，设置"透明度"参数为"28"，如图5-25所示。

图5-22

图5-24

图5-25

【步骤 3】将把绘制好的日历群组，完成最终效果如图 5-26 所示。

图5-26

5.2 制作热气球

本任务是制作一个热气球，热气球最终效果如图 5-27 所示。

图5-27

5.2.1 任务分析

关于"热气球"的制作，可以进行如下分析。

在"热气球"的制作过程中，可以使用"刻刀工具"与"调和工具"来美化画面效果。

5.2.2 知识储备

1. 刻刀工具

"刻刀工具" 位于左侧工具栏，可以将对象边缘沿直线、曲线拆分为两个独立的对象，如图 5-28 所示。

图5-28

1）直线拆分位图

导入一张位图，单击左侧工具栏中"刻刀工具"，当鼠标指针变成"刻刀"形状时，移动到对象的轮廓线上，"刻刀"形状会变成"竖直"形状，此时单击，如图 5-29 所示，再将光标移动到另一边，这时会有一条实线进行预览。

图5-29

单击确认，绘制的切割线变为轮廓属性，如图 5-30 所示，拆分的对象变成两个独立的对象，可以分别移动，如图 5-31 所示。

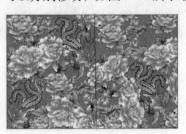

图5-30

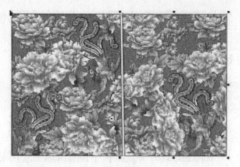

图5-31

2）曲线拆分位图

选中对象，单击左侧工具栏中"刻刀工具"，当鼠标指针变成"刻刀"形状时，将光标移动到对象的轮廓线上按住鼠标左键进行绘制曲线，如图5-32所示，预览绘制的实线进行调节，如图5-33所示，如果切割失误可以按住Ctrl+Z组合键进行撤销重新绘制。

图5-32

图5-33

曲线绘制到边线后，会吸附轮廓线，如图5-34所示，拆分的对象变成两个独立的对象，可以分别移动，如图5-35所示。

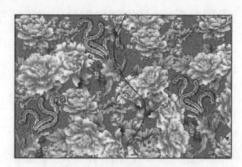

图5-34

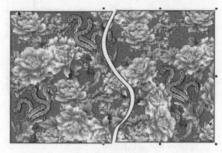

图5-35

3）直线拆分对象

选中对象后单击左侧工具栏中"刻刀工具"，当鼠标指针变成"刻刀"形状时，如图5-36所示。

图5-36

在位图边框位置开始绘制直线切割线，如图5-37所示，拆分的对象变成两个独立的对象，并且可以分别移动，如图5-38所示。

图5-37

图5-38

在位图边框位置开始绘制曲线切割线，如图 5-39 所示，拆分的对象变成两个独立的对象，并且可以分别移动，如图 5-40 所示。

图5-39

图5-40

4）"刻刀工具"属性栏选项介绍

（1）保留为一个对象 ：将对象拆分为两个子路径，并且不是两个独立的对象，激活后不能进行分别移动，如图 5-41 所示，双击可以进行整体编辑节点。

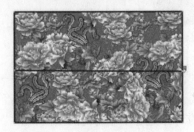

图5-41

（2）切割时自动闭合 ：激活后在分割时自动闭合途径，如图 5-42 所示；关掉此功能，切割后不会闭合路径，如图 5-43 所示，屏幕只显示路径，填充效果消失。

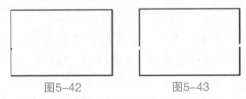

图5-42　　　　图5-43

2. 调和工具

调和是一项非常重要的功能，也是用途最广泛，性能最强大的工具之一，使用调和工具可以使两个分离或多个对象之间产生形状、颜色、轮廓及尺寸上的平滑变化，在调和过程中，对象的外形、填充方式、节点位置和步数都会直接影响调和结果。

调和可以用来增强图形和艺术文字的效果，也可以创建颜色渐变、高光、阴影、透视等特殊效果，它主要用于广告创意领域，从而实现超级炫酷的立体效果图，达到真实照片的级别。

"调和工具" 位于左侧工具栏，包括直线调和、曲线路径调和，以及复合调和等多种方式。

1）直线调和

单击"调和工具" ，将鼠标指针移动到起始对象上，如图 5-44 所示，按住鼠标左键不放，然后拖动到终止对象上，如图 5-45 所示，确认无误后释放鼠标完成调和，效果如图 5-46 所示。

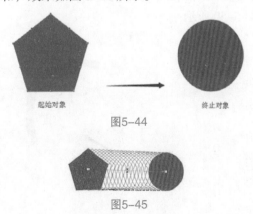

起始对象　　　　　　终止对象

图5-44

图5-45

图5-46

"调和工具" 也可以创建轮廓线的调和。创建两条曲线，同样单击"调和工具"选中起始线，按住鼠标左键拖至终止线，确认无误后释放鼠标完成调和，如图 5-47 与图 5-48 所示。

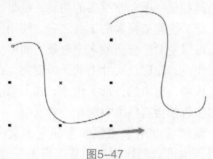

图5-47

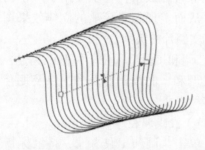

图5-48

当线条形状和轮廓线"宽度"都不同时，也可以进行调和，调和的中间对象会进行形状和宽度的渐变，如图 5-49 与图 5-50 所示。

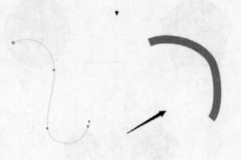

图5-49

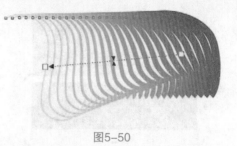

图5-50

2）曲线调和

单击"调和工具" ，将鼠标指针移动到起始对象上，如图 5-51 所示，先按住 Alt 键不放，然后按住鼠标左键向终止对象拖出曲线路径，如图 5-52 所示，确认无误后释放鼠标完成调和，效果如图 5-53 所示。在曲线调和中绘制的曲线弧度与长短会影响中间系列对象的形状、颜色。

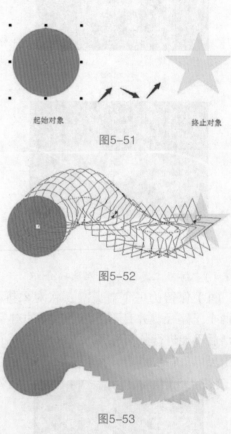

起始对象   终止对象

图5-51

图5-52

图5-53

直线调和转换为曲线调和：绘制一条平滑曲线，如图 5-54 所示，然后将已经进行调和的对象选中，在属性栏中单击"路径属性"图标 ，在出现的下拉列表中选择

"新路径"命令，如图 5-55 所示。这时鼠标指针变成弯曲箭头形状，如图 5-56 所示，将箭头对准曲线，然后单击完成转换，效果如图 5-57 所示。

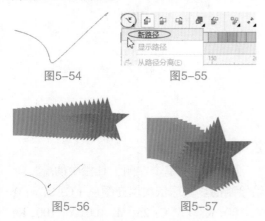

图5-54　　　　图5-55

图5-56　　　　图5-57

3）复合调和

创建 3 个不同的图形然后填充不同的颜色，如图 5-58 所示，单击"调和工具" ，将鼠标指针移动到起始对象上，按住鼠标左键不放向第二对象拖动直线调和，如图 5-59 所示，然后在空白处单击取消直线路径的选择，再选择第二对象按住鼠标左键向第三对象拖动进行直线调和，如图 5-60 所示，如果想要创建曲线调和，可以按住 Alt 键选中第二对象向第三对象创建曲线调和，效果如图 5-61 所示。

图5-58　　　　图5-59

图5-60　　　　图5-61

5.2.3　任务实现

1. 绘制轮廓

【步骤 1】新建空白文档。设置文档名称为"热气球"，设置页面大小为 100mm×100mm。

制作热气球

【步骤 2】首先绘制好热气球的轮廓。选择左侧工具栏"手绘工具"中的"3 点曲线"工具，如图 5-62 所示，绘制一条曲线，如图 5-63 所示，再用"椭圆形工具"绘制一个椭圆形，放在线条下方，作为底部轮廓，如图 5-64 所示。

图5-62

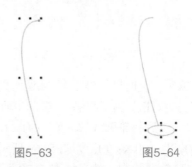

图5-63　　　　　图5-64

【步骤 3】再复制一条曲线用"形状工具" 调整好角度，然后选择左侧工具栏"虚拟段删除"工具，如图 5-65 所示，选中在超出底部轮廓的多余线条，将其删除，如图 5-66 所示；重复此动作依次绘制左侧曲线，曲线要从内到外依次缩短、变小，效果如图 5-67 所示。

图5-65

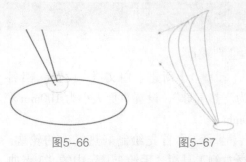

图5-66　　　　　　图5-67

【步骤4】依次复制左侧线条调整好角度，然后再全选左侧线条进行复制，水平翻转至右侧，然后拉出标尺参考线调整好角度，再在中间绘制一条直线，效果如图5-68所示。

图5-68

【步骤5】把热气球的轮廓颜色更换一下颜色。双击左侧工具栏"选择工具"全选对象，然后将轮廓线填充颜色为（C：10，M：100，Y：100 K：0），如图5-69所示，完成热气球轮廓绘制，效果如图5-70所示。

图5-69

图5-70

2. 热气球颜色填充

【步骤1】单击左侧工具栏中的图标，给绘制的热气球依次填充颜色（C：0，M：0，Y：100，K：0）（C：25，M：100，Y：100，K：0），如图5-71与图5-72所示。

图5-71

图5-72

【步骤2】完成填充效果如图5-73所示。

图5-73

【步骤 3】热气球的颜色看起来太单一，可以把气球底部变换为深一些的颜色使热气球看起来更有层次。在左侧工具栏中选择"刻刀工具"，将填充的颜色依次分离为两个对象，如图 5-74 与图 5-75 所示，然后把颜色分别填充为（C：46，M：100，Y：100，K：22）（C：0，M：35，Y：96，K：0）如图 5-76 与图 5-77 所示，效果如图 5-78 所示。

图5-74

图5-75

图5-76

图5-77

图5-78

3. 制作立体效果

【步骤 1】首先给热气球颜色制作立体效果，选择左侧工具栏中的"调和工具" ，如图 5-79~ 图 5-81 所示，给热气球添加调和效果，如图 5-82 所示。

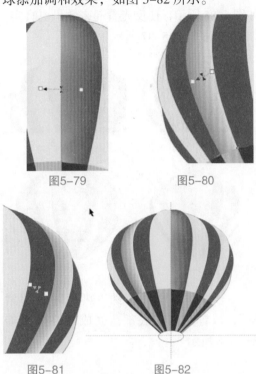

图5-79　　　　　图5-80

图5-81　　　　　图5-82

【步骤 2】然后给热气球制作反光效果，让热气球看起来更有立体感。选择左侧工具栏中的"椭圆形工具"，在热气球上方绘制一个白色椭圆形对象，添加颜色为白色，然后去掉轮廓线，效果如图 5-83 所示。

图5-83

【步骤3】选择左侧工具栏中的"透明度工具" ，在属性栏中选择"渐变透明度" →"椭圆形渐变透明度" ，在所绘制的白色椭圆对象上添加透明度效果，如图5-84所示，调整、复制添加透明度对象，如图5-85所示，使反光看起来效果更真实，如图5-86与图5-87所示。

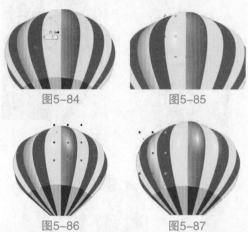

图5-84　　　　图5-85

图5-86　　　　图5-87

【步骤4】导入素材"热气球底部素材"，放置热气球底部，完成最终效果如图5-88所示。

图5-88

5.3　制作招贴

本任务是制作一个招贴，招贴最终效果如图5-89所示，通过本任务的学习熟练掌握粗糙笔刷的运用。

图5-89

5.3.1　任务分析

关于"招贴"的制作，可以进行如下分析。

在"招贴"的制作过程中，可以运用"粗糙工具"来美化画面效果。

5.3.2　知识储备

"粗糙笔刷工具" 可以改变矢量图形对象中轮廓的平滑度，使其轮廓形状改变，从而产生粗糙的、锯齿或尖突的边缘变形效果，但是不能对组合对象进行操作。

"粗糙笔刷工具"位于左侧工具栏，如图5-90所示。

图5-90

选择"粗糙笔刷工具"，在对象的轮廓位置单击，则会形成单个的尖突效果，这样就可以制作褶皱效果如图5-91所示。在轮廓位置单击并将鼠标左键按住不放进行拖动，会形成细小且均匀的粗糙尖突效果，频率数值小，尖角比较缓慢；频率数值大，尖角越多越密集，如图5-92所示。

图5-91　　　　　图5-92

"粗糙笔刷工具" ✍ 属性栏如图5-93所示。

图5-93

（1）笔尖半径 ⊝ 1.0 mm ：设定粗糙笔尖的大小。

（2）尖突频率 ✲ 1 ：通过输入数值改变粗糙的尖突频率，频率数值越大，尖角越多越密集，数值范围为1~10。

（3）干燥 ✎ 0 ：拖动时增加粗糙尖突的数量，数值范围为-10~10。

（4）笔倾斜 ✲ 45.0° ：设置粗糙尖突的高度，数值范围为0° ~90°。

（5）尖突方向 ✲ 自动 ：可以更改粗糙尖突的方向。

5.3.3　任务实现

【步骤1】新建空白文档。设置文档名称为"制作招贴"，设置页面大小为200mm×300mm。

【步骤2】首先在左侧工具栏中选择"椭圆形工具"绘制一个椭圆形，如图5-94所示；然后填充上颜色（C：77，M：7，Y：91，K：0），轮廓颜色设置为（C：22，M：47，Y：92，K：0），如图5-95所示。

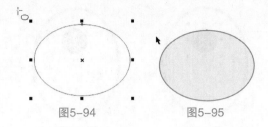

图5-94　　　　　图5-95

【步骤3】在左侧工具栏中选择"形状工具"→"粗糙笔刷工具"，然后在属性栏设置"笔尖大小"3.8mm，"尖突频率"为1，"干燥"为2，在轮廓线上按住左键不放沿轮廓线绘制一圈，完成后释放鼠标，出现绒毛的效果，如图5-96与图5-97所示。

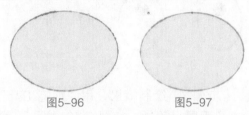

图5-96　　　　　图5-97

【步骤4】在左侧工具栏中选择"椭圆形工具"给小鸡绘制眼睛，首先画一个竖形的椭圆形轮廓，轮廓线条加粗为"1.5"，颜色填充为（C：22，M：47，Y：92，K：0），如图5-98所示。

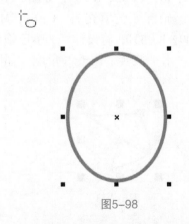

图5-98

制作招贴

【步骤5】选择"椭圆形工具"给小鸡绘制瞳孔，填充颜色为（C：0，M：0，Y：0，K：100），然后在给它加上颜色的反光点，颜色填充为白色，如图5-99与图5-100所示。

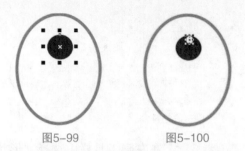

图5-99 　　　　　　　　　　图5-100

【步骤6】眼睛制作完成，全选对象复制一份，然后进行水平旋转调至合适位置，如图5-101所示，再把眼睛放置到前面绘制的图形上，调整大小，如图5-102所示。

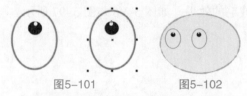

图5-101 　　　　　　　　　　图5-102

【步骤7】绘制嘴巴，用"钢笔工具"绘制小鸡嘴巴轮廓，如图5-103所示，然后给嘴巴填充颜色，打开"编辑填充"对话框，选择"椭圆形渐变填充"，渐变左侧颜色填充为（C：44，M：96，Y：100，K：13），如图5-104所示，右侧颜色填充为（C：13，M：48，Y：98，K：0），如图5-105所示，嘴巴轮廓颜色填充为（C：61，M：87，Y：100，K：53），将设计好的嘴巴拖到小鸡身上，水平旋转，调整好角度，如图5-106所示。

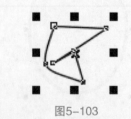

图5-103

图5-104

图5-105 　　　　　　　　　　图5-106

【步骤8】绘制小鸡的鸡冠。在左侧工具栏中选择"形状工具"→"粗糙笔刷工具"，在其属性栏中设置"笔尖大小"为5mm，"尖突频率"为2，"干燥"为2，然后在轮廓线上按住左键不放沿轮廓线左侧上方绘制，完成小鸡鸡冠绘制效果，如图5-107与图5-108所示。

图5-107 　　　　　　　　　　图5-108

【步骤9】使用"手绘工具"绘制小鸡的尾巴。将"手绘工具"的"手绘平滑"调整到"100"，绘制完成后填充颜色为（C：43，M：64，Y：100，K：3）所示。将群组对象拖至小鸡身体，移置底部，如图5-110所示。

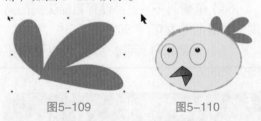

图5-109 　　　　　　　　　　图5-110

【步骤10】绘制小鸡的脚。使用"手绘工具"绘制出脚趾的形状，然后填充颜色为（C：13，M：67，Y：100，K：0），将轮廓加粗颜色调整为（C：43，M：64，Y：100，K：3），如图5-111所示，再将两个脚趾放置小鸡身上，调整大小并摆放到合适位置，如图5-112所示，最后全选复制一份，同样放在合适位置，如图5-113所示。

图5-111

图5-112　　　　图5-113

【步骤11】绘制小鸡的睫毛。选择工具栏中的"粗糙笔刷工具"绘制小鸡眼睛轮廓，在其属性栏中设置"笔尖大小"为9mm，"尖突频率"为9，"干燥"为8，然后在眼睛轮廓线上单击形成睫毛，小鸡绘制完成，效果如图5-114所示。

图5-114

【步骤12】选择"矩形工具"绘制矩形，然后填充颜色为（C：3，M：7，Y：94，K：0），如图5-115与图5-116所示。

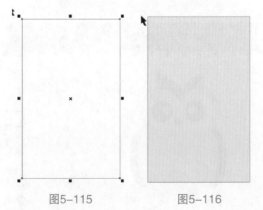

图5-115　　　　图5-116

【步骤13】导入素材文件"汤"，将图片调整至合适大小，放置页面右上方的位置，效果如图5-117所示。

图5-117

【步骤14】导入素材文件"5-002"，放置画面上方，如图5-118所示，然后右击，在弹出的快捷菜单中选择"置于图框精确剪裁内部"选项，效果如图5-119所示，再导入素材文件"5-003"调整大小，放置合适位置，如图5-120所示，然后右击，在弹出的快捷菜单中选择"置于图框精确剪裁内部"选项，效果如图5-121所示。

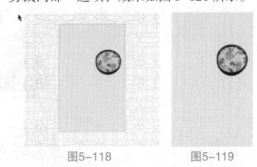

图5-118　　　　图5-119

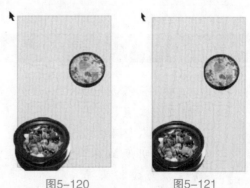

图5-120　　　　图5-121

【步骤15】群组小鸡。拖至画面调整角度、大小，放置合适位置，如图5-122所示，再将文字拖至画面中，如图5-123所示，完成最终效果如图 5-124 所示。

图5-122

图5-123

图5-124

5.4 课堂练习——制作房地产宣传单

案例提示：使用"椭圆形工具""刻刀工具""粗糙笔刷工具""透明度工具""调和工具"等完成房地产宣传单制作，效果如图 5-125 所示。

图5-125

▶ 课后练习

案例提示：使用"椭圆形工具""多变形工具""钢笔工具""透明度工具"等完成可爱猫头鹰的绘制，效果如图 5-126 所示。

图5-126

第 6 章

编辑文本

在 CorelDRAW X7 中，可以进行页面操作、页面设置等特殊的处理。在使用文本编排和图形绘制时会更加方便快捷。本章将通过"制作咖啡宣传单""制作挂历""制作酒水单"3个案例进行详细讲解。

6.1 制作咖啡宣传单

怎样制作一个有设计感的咖啡宣传单呢？想要绘制一个宣传单，该怎样绘制呢？其实很简单只要熟练地掌握本节所讲解的内容，就可以自己制作了，最终效果如图6-1所示。

图6-1

6.1.1 任务分析

关于"咖啡宣传单"的制作，可以进行如下分析。

在"咖啡宣传单"的制作过程中，可以运用"透明度工具"来美化画面效果。

6.1.2 知识储备

1. 透明效果

"透明度工具" 🔳 位于左侧工具栏，用于对象填充色透明程度的改变来添加效果，透明度的样式有很多种，运用这些样式可以达到丰富画面效果的作用

2. 美术文本

美术字具有矢量图形的属性，可以作为一个单独的对象来进行编辑，并且可以使用各种图像处理方法对其进行编辑。

1）创建美术字

单击左侧工具栏中的"文本工具"字，鼠标指针变成"╋字"形状，然后在页面内单击建立一个文本插入点，如图6-2所示，即可输入文本，输入的文本就是美术字，如图6-3所示，默认颜色为黑色。

图6-2　　　　　　图6-3

2）选择文本

在设置文本属性之前，必须要选中需要设置的文本，选中文本的方法有以下3种。

第一种，单击要选择的文本字符的起

点位置，按住鼠标左键不放拖动到需要选择的重点位置松开鼠标。

第二种，单击要选择的文本字符的起点位置，然后按住 Shift 键不放，再按住键盘上的"左箭头"或"右箭头"即可选中，如图 6-4 所示。

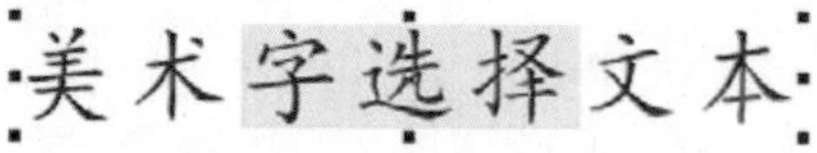

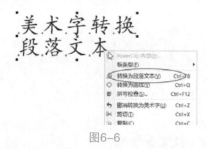
图6-4

第三种，使用"选择工具"单击所输入的文本，就可以选中该文本的全部字符，如图 6-5 所示。

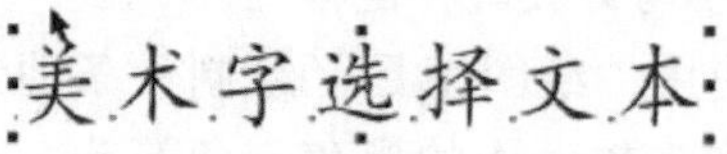

美术字选择文本
图6-5

3）美术文本转换为段落文本

在输入美术文本以后，如要对美术文本进行段落文本的编辑，可以将美术文本转换为段落文本。

使用"选择工具"选中美术文本并右击，在弹出的快捷菜单中选择"转换为段落文本"选项，如图 6-6 所示，就可以将美术文本转换为段落文本。

图6-6

3. 段落文本

当作品需要多字符排版时，利用段落文本可以方便快捷地输入和排版，还有段落文本可以从一个页面流动到另一个页面，编排起来特别方便。

1）输入段落文本

单击左侧工具栏中的"文本工具"字，鼠标指针变成"十字"形状，然后在页面内

按住鼠标左键不放进行拖动，松开鼠标后生成文本框，如图 6-7 所示，此时输入的文本就是段落文本，在段落文本内输入文本，排满一行后会自动换行，效果如图 6-8 所示。

图6-7

图6-8

段落文本框只能在文本框内显示，如输入的文字超出文本框的范围，文本框下方控制点会出现黑色三角箭头，如图 6-9 所示，单击该箭头向下拖动扩大文本框就可以显示隐藏的文本，也可以单击住文本框中的任意一个控制点拖动放大使其隐藏的文本完全显示，如图 6-10 所示。

图6-9

图6-10

2）段落文本链接

如果当前工作的页面输入了大量的文本，可以将其分为不同的部分再将其显示，还可以对其添加"文本链接效果"。

3）链接段落文本框

单击文本框下面的黑色三角箭头，如图 6–11 所示，然后在文本框内的空白处单击，会产生另一个文本框，新的文本框内显示前一个文本框中隐藏的文字，如图 6–12 所示。

图6–11

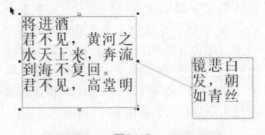

图6–12

4）与闭合路径链接

单击文本框下面的黑色三角箭头，再将鼠标指针移动到想要链接的对象上，这时鼠标指针变成箭头形状，然后单击链接对象，如图 6–13 所示，这时对象内就会显示前一个文本框隐藏的文字，如图 6–14 所示。

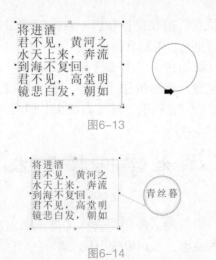

图6–13

图6–14

5）与开放路径链接

使用"绘图工具"绘制一条曲线，再单击文本框下面的黑色三角箭头，将鼠标指针移动到想要链接的曲线上，这时鼠标指针变成箭头形状，再单击绘制的曲线，就会在曲线上显示前一个文本框隐藏的文字，如图 6–15 与图 6–16 所示。

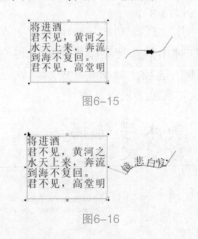

图6–15

图6–16

6）设置介绍

"文本工具"的属性栏如图 6–17 所示。

图6–17

（1）字体列表 [楷体　　　]：为文本或选择的文本，选择该列表中的一种字体，如图 6–18 所示。

图6-18

（2）字体大小 24 pt：变换字体大小，可以选择一种字体大小，也可以在选项框内输入相应数值。

（3）粗体：单击此按钮可以将文本加粗。

（4）斜体：可以将文本倾斜显示。

（5）下画线：可以给文本添加预设的下画线样式。

（6）文本对齐：选择文本的对齐方式。

（7）项目符号列表：为选中的文本添加或删除项目符号列表格式。

（8）首字下沉：为选中的文本添加或删除首字下沉设置。

（9）文本属性：可在"文本属性"泊坞窗中编辑段落文本和艺术文本属性，如图6-19所示。

图6-19

（10）编辑文本：单击该按钮，出现"编辑文本"对话框，可以在该对话框中对选定文本进行修改或输入数值，如图6-20所示。

图6-20

（11）水平方向：可以将选择的文本设置为水平方向。

（12）垂直方向：可以将选择的文本设置为垂直方向。

（13）交换式 OpenType：当某种 OpenType 功能用于选定文本时，在屏幕上显示指示。

6.1.3　任务实现

制作咖啡
宣传单

【步骤1】新建空白文档。设置文档名称为"咖啡宣传单"，设置页面大小为 200mm×300mm。

【步骤2】单击左侧工具栏中的"矩形工具"，在页面创建等大矩形，图6-21所示，然后填充颜色为（C：93，M：88，Y：89，K：80），效果如图6-22所示。

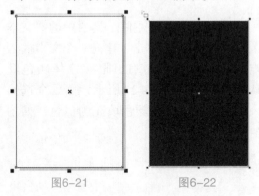

图6-21　　　　　图6-22

【步骤3】导入素材"咖啡底部素材"，调整图片大小，放置合适位置，如图6-23所示，选择左侧工具栏中的"透明度工具"→"渐变透明度效果"，单击素材图片，绘制出渐变效果，如图6-24所示。

图6-23　　　　　　　　图6-24

【步骤4】完成透明度效果后，在图片上右击，在弹出的快捷菜单中选择"PowerClip内部"选项，然后选择"置于图框精确剪裁内部"，如图6-25所示，出现黑色箭头图标，单击黑色画布，将图片陷入画布内部，如图6-26所示。

图6-25　　　　　　　　图6-26

【步骤5】选择左侧工具栏中的"文本工具"，在画布上单击，建立一个文本插入点，输入文字"现磨咖啡"（字体颜色默认为黑色），如图6-27所示，然后全选输入的文本，把字体颜色填充为白色，如图6-28所示。

图6-27　　　　　　　　图6-28

【步骤6】全选输入的文本，转换成需要的字体，如图6-29所示，然后把调整文本大小，放置左侧上方合适位置，如图6-30所示。

图6-29　　　　　　　　图6-30

【步骤7】选择左侧工具栏中的"矩形工具"，在空白画布绘制一个矩形轮廓，选择"椭圆形工具"在矩形上方绘制一个椭圆形轮廓，如图6-31所示。

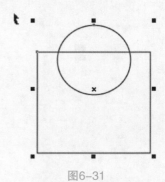

图6-31

【步骤8】单击"选择工具"，全选轮廓图形，在泊坞窗"造型"窗口选中"保留原目标对象"复选框，然后单击"焊接到"

按钮，如图 6-32 所示，再把鼠标指针移到矩形轮廓上，完成轮廓的绘制，效果如图 6-33 所示。

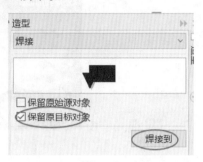

图6-32

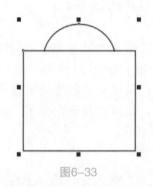

图6-33

【步骤 9】全选绘制好的轮廓图形，把轮廓颜色填充为白色，然后移到咖啡图片画布上，调整合适大小，效果如图 6-34 所示。

图6-34

【步骤 10】选择左侧工具栏中的"文本工具"，在绘制好的图形轮廓内单击，输入文本"买 1 送 1"，如图 6-35 所示，然后把文本填充为白色，再把文本变换需要的字

体，调整合适大小，效果如图 6-36 所示。

图6-35　　　　图6-36

【步骤 11】选择"文本工具"，然后在属性栏中单击"垂直方向"按钮，将文本设置为垂直方向，输入文本"三杯起送"，如图 6-37 所示，再全选文本把颜色填充为白色，然后把文本变换成需要的字体，调整大小，放置合适位置，效果如图 6-38 所示。

图6-37　　　　图6-38

【步骤 12】用"文本工具"选择垂直方向输入文本"COOFFEE"，填充颜色为白色，变换成需要的字体，放置轮廓图形右侧，效果如图 6-39 所示，在新建输入点中输入"力量与热情"，同样填充颜色为白色，变换字体，放置轮廓图形左侧，效果如图 6-40 所示。

图6-39　　　　图6-40

【步骤13】在左侧工具栏中选择"钢笔工具",在图形下方绘制一条曲线,颜色填充为白色,如图6-41所示,再选择"文本工具"输入文本"品味生活让时光慢下来",然后全选文本,转换字体为"硬笔行书",如图6-42所示,最后将其放置绘制的曲线上方,效果如图6-43所示。

图6-41

图6-42

图6-43

【步骤14】在"编辑文本"对话框中复制粘贴输入文本。单击左侧工具栏中的"文本工具",再单击属性栏中的"编辑文本"按钮,在出现的对话框内粘贴所复制的文字,单击"确定"按钮,如图6-44所示,调整合适字体大小,放置合适位置,完成最终效果如图6-45所示。

图6-44

图6-45

6.2　制作挂历

怎样制作一个具有美感的挂历?想要绘制一个很有美感的挂历,该怎样绘制呢?其实很简单只要熟练地掌握本节所讲解的内容,就可以自己制作了。最终效果如图6-46所示。

图6-46

6.2.1　任务分析

关于"挂历"的制作,可以进行如下分析。

在"挂历"的制作过程中,运用"表格工具"来规划画面布局,丰富画面效果。

6.2.2　知识储备

1. 表格工具

"表格工具"属性栏如图 6-47 所示。

图6-47

（1）行数和列数 ：设置所需要的行数和列数。

（2）背景 ：设置表格背景的填充颜色。

（3）编辑颜色 ：可以打开"编辑填充"对话框，可以对已经填充的颜色进行设置，也可以重新选择颜色为表格背景填充。

（4）边框 ：调整表格轮廓宽度。

（5）边框 ：调整显示在表格内、外部的边框。

（6）选项 ：单击此按钮，可以在下拉列表中设置"在置入时自动调整单元格大小"或"单独的单元格边框"

"表格工具"创建表格的两种方法如下。

第 1 种方法，单击"表格工具" ，鼠标指针变成"＋"形状时，在绘制窗口中按住鼠标左键拖曳，即可创建表格，如图 6-48 所示。创建的表格可以在属性栏中修改表格的行数和列数，还可以将单元格进行合并、拆分等。

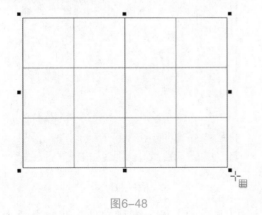

图6-48

第 2 种方法，执行"表格"→"创建表格"命令，会弹出"创建新表格"对话

框，在该对话框中设置要创建表格的"行数""栏数""高度""宽度"，设置参数后，单击"确定"按钮，如图 6-49 所示，即可创建表格，效果如图 6-50 所示。

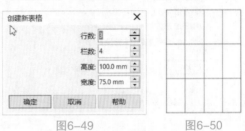

图6-49　　　　图6-50

表格可以转换为文本：执行"表格"→"创建表格"命令，然后会弹出"创建表格"对话框，在该对话框中设置要创建的表格的"行数"为 5、"栏数"为 4、"高度"为 50mm、"宽度"为 60mm，单击"确定"按钮，如图 6-51 所示，然后在表格的单元格中输入文本，如图 6-52 所示，再选择"表格"→"创建表格"命令，弹出"将表格转换为文本"对话框，如图 6-53 所示，然后根据需要设置参数，单击"确定"按钮即可，效果如图 6-54 所示。同样文本也可转换为表格。

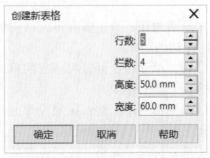

图6-51

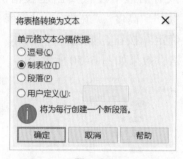

图6-52

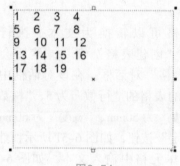

图6-53

图6-54

制作挂历

"表格工具"单元格属性栏如图6-55所示。

图6-55

①页面边距：指定所有单元格内的文字到四条边的距离。

②合并单元格：可以将所有的单元格合并为一个单元格。

③水平拆分单元格：按照设置的行数进行水平拆分所选中的单元格。

④垂直拆分单元格：按照设置的行数进行垂直拆分所选中的单元格。

⑤撤销合并：可以将当前单元格还原为没有合并之前的状态。

2. 形状工具调整文本

使用"形状工具"选中文本后，每个文字的左下角都会出现一个白色小方块，该小方块称为"字元控制点"。使用鼠标单击或者按住鼠标左键不放拖动框选的这些"字元控制点"，使其呈黑色选中状态，即可在属性栏上对所选字元进行旋转、缩放和颜色更改等操作。如果拖动文本对象右下角的水平间距箭头，可以按比例更改字符间的间距，如果拖动文本对象左下角的垂直间距箭头，可以按比例更改行距。

6.2.3 任务实现

【步骤1】新建空白文档。设置文档名称为"挂历"，设置页面大小为210mm×230mm。

【步骤2】选择左侧工具栏中的"矩形工具"创建一个与页面等同大小的矩形，然后填充颜色为（C: 0，M: 0，Y: 0，K: 20，）再去掉轮廓，效果如图6-56所示。

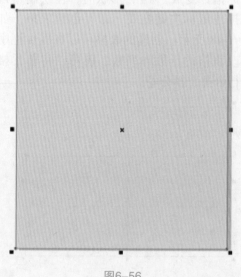

图6-56

【步骤3】导入素材文件，调整合适大小，放置文本左侧，效果如图6-57所示。

图6-57

【步骤4】导入素材文件，调整合适大小，放置文本右侧，效果如图 6-58 所示。

图6-58

【步骤5】使用"文本工具"输入段落文本，在属性栏上设置字体为"黑体"，再设置第一行文本的"字体大小"为 19pt、第二行文本的"字体大小"为 14pt，然后填充第一列文本为红色，效果如图 6-59 所示。

图6-59

【步骤6】选中全部文本，然后执行"表格"→"文本转换为表格"命令，弹出"将文本转换为表格"对话框，选中"制表位"单选按钮，单击"确定"按钮，如图 6-60 所示。转换后的表格如图 6-61 所示。

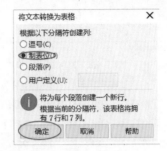

图6-60

图6-61

【步骤7】使用"表格工具"选中第一行单元格，然后在属性栏中单击"合并单元格"按钮，效果如图 6-62 所示。

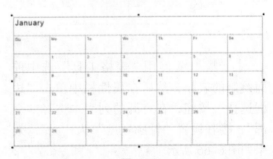

图6-62

【步骤8】使用"表格工具"选中表格中的所有单元格，然后单击属性栏中的"页边距"下拉按钮，在出现的列表框中单击"锁定边距"图标取消边距锁定，然后设置文本边距为 0mm，再单击"锁定边距"图标，如图 6-63 与图 6-64 所示。

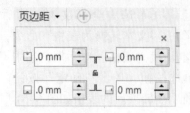

图6-63

January

Su	Mo	Tu	We	Th	Fr	Sa
	1	2	3	4	5	6
7	8	9	10	11	12	13
14	15	16	17	18	19	20
21	22	23	24	25	26	27
28	29	30	31			

图6-64

【步骤9】使用"文本工具"单击表格中的第一个单元格，然后使用"形状工具"调整该单元格的文本位置，如图6-65所示，接着使用"选择工具"适当调整表格大小。

January

Su	Mo	Tu	We	Th	Fr	Sa
	1	2	3	4	5	6
7	8	9	10	11	12	13
14	15	16	17	18	19	20
21	22	23	24	25	26	27
28	29	30	31			

图6-65

【步骤10】使用"表格工具"选中前面绘制的表格，然后在属性栏中单击"边框选择"按钮，在打开的列表中选择"全部"，接着设置"轮廓宽度"为"无"，效果如图6-66所示。

January

Su	Mo	Tu	We	Th	Fr	Sa
	1	2	3	4	5	6
7	8	9	10	11	12	13
14	15	16	17	18	19	20
21	22	23	24	25	26	27
28	29	30	31			

图6-66

【步骤11】按照以上的方法制作出其他文件表格，然后放置在页面上方，如图6-67所示，接着分别选中每个表格按Ctrl+Q组合键转换为曲线。

图6-67

【步骤12】导入素材文件，调整合适大小，放置文本右侧，如图6-68所示。

图6-68

【步骤13】导入素材文件，调整合适大小，放置文本下方，最终效果如图6-69所示。

图6-69

6.3　制作酒水单

怎样制作一个酒水单呢？想要绘制一个分类齐全、整齐有序的酒水单，该怎样绘制呢？其实很简单，只要熟练地掌握本节所讲解的内容，就可以自己制作了。酒水单最终效果如图 6-70 所示。

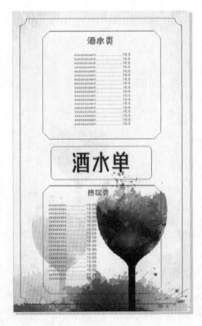

图6-70

6.3.1　任务分析

关于"酒水单"的制作，可以进行如下分析。

在"酒水单"的制作过程中，运用"圆角矩形工具""扇形角""倒棱角"使画面更有节奏感。

6.3.2　知识储备

"矩形工具"属性栏如图 6-71 所示。

图6-71

"圆角矩形"、"扇形角"、"倒棱角"可以让角变为圆弧度、扇形角和直棱角。如图 6-72 所示，而其后面的文本框可以直接设定边角的平滑度大小。

图6-72

6.3.3　任务实现

【步骤1】新建空白文档。设置文档名称为"酒水单"，设置"宽度"为 210mm、"高度"为 350mm。

制作酒水单

【步骤2】导入素材"酒水底图"，放置页面中的合适位置，效果如图 6-73 所示。

图6-73

【步骤 3】单击左侧工具栏中的"矩形工具"，选择"扇形角"工具，"转角半径"设置为"8"，"轮廓宽度"设置为"0.5mm"，绘制轮廓图形，如图 6-74 所示。

图6-74

【步骤 4】单击左侧工具栏中的"矩形工具"，选择"倒棱角"工具，"转角半径"设置为"7"，"轮廓宽度"设置为"0.5mm"，绘制轮廓图形，放置页面上方，如图 6-75 所示。在复制一份放置页面下方，如图 6-76 所示。

图6-75

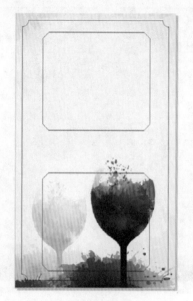

图6-76

【步骤 5】单击左侧工具栏中的"矩形工具"，选择"圆角矩形"工具，"转角半径"设置为"4"，"轮廓宽度"设置为"0.5mm"，绘制轮廓图形，放置页面中间，轮廓图形全部绘制完成，效果如图 6-77 所示。

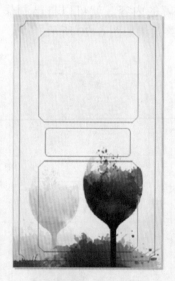

图6-77

【步骤 6】单击左侧工具栏中的"文本工具"，输入美术文本"酒水单"，输入完成后调整合适大小，放置中间轮廓图形中，如图 6-78 所示。

图6-78

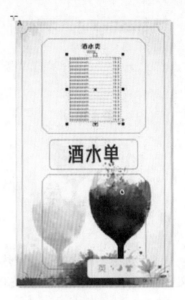

图6-80

【步骤7】单击左侧工具栏中的"文本工具",在第一个小框内单击并输入美术文本"酒水类",输入完成后调整合适大小,放置"倒棱角"轮廓图形上方,如图6-79所示。然后在酒水类下方合适位置,绘制段落文本框,输入段落文本,效果如图6-80所示。

【步骤8】单击左侧工具栏中的"文本工具",在最下面小框内单击并输入美术文本"热饮类",输入完成后调整合适大小,放置"倒棱角"轮廓图形上方,如图6-81所示。然后在热饮类下方合适位置,绘制段落文本框,输入段落文本,效果如图6-82所示。

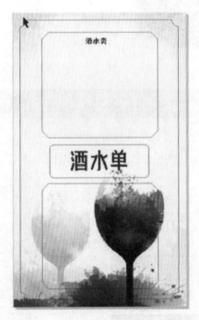

图6-79

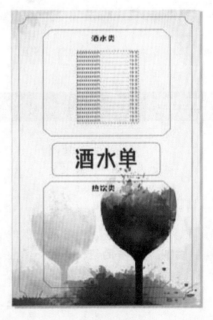

图6-81

图6-82

【步骤9】选中"酒水类"和"热饮类"美术文本，颜色填充为红色（C：0，M：

100，Y：100，K：0），完成最终"酒水单"的制作，效果如图6-83所示。

图6-83

6.4 课堂练习——制作宣传海报

案例提示：使用"文本工具""美术文本""段落文本""透明度工具""形状工具"等完成宣传海报的绘制，效果如图6-84所示。

图6-84

▶ 课后练习

案例提示：使用"文本工具""美术文本""段落文本""透明度工具""形状工具""矩形"等完成网页广告的绘制，效果如图6-85所示。

图6-85

102

第 7 章

编辑位图

■制作播放器

■绘制国画

■课堂练习——制作心情卡

在产品设计和效果图制作中，会运用矢量图和位图来做一些特殊效果，为了丰富制作效果还需要将矢量图转换为位图，以方便添加颜色调和、滤镜等一些位图编辑效果。本章将通过"制作播放器""绘制国画"两个案例进行详细讲解。

> ○ **学习目标**
>
> 1. 掌握"矢量图转位图"可以进行位图的相关效果，添加对象的复杂程度。
> 2. 掌握"描摹位图"可以使画面更加丰富。
> 3. 掌握"颜色调整"可以使色彩更加准确。
> 4. 掌握"模糊工具"可以使画面更加诗情画意。
> 5. 掌握"艺术笔工具"可以使画面层次感更加强烈。
> 6. 掌握"调和工具"使分离的矢量图形对象之间产生形状、颜色、轮廓及尺寸上的平滑变化，从而实现立体效果。

7.1　制作播放器

怎样制作一个功能齐全的播放器？想要绘制一个色彩丰富的播放器，该怎样绘制呢？其实很简单，只要熟练地掌握本节所讲解的内容，就可以自己制作了，如图7-1所示。

图7-1

7.1.1　任务分析

关于"播放器"的制作，可以进行如下分析。

在"播放器"的制作过程中，可以运用"描摹位图""颜色调整""艺术笔触"来丰富画面效果。

7.1.2　知识储备

1. 矢量图转位图

在设计制作中，需要将矢量图对象转换为位图，以方便添加颜色调和、滤镜等一些位图编辑。

转换方法：选择要转换的对象，然后选择"位图"→"转换为位图"命令，出现"转换为位图"对话框，如图7-2所示，在该对话框中选择需要的模式，单击"确定"按钮完成转换，效果如图7-3所示。转换完成后就不能进行矢量图编辑了。

图7-2

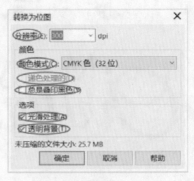

图7-3

"转换为位图"对话框中的选项如图7-4所示。

图7-4

（1）分辨率：设置对象转换为位图后的清晰程度，可以直接输入或选择需要的数值。数值越大，图像越清晰；数值越小，图像越模糊。

（2）颜色模式：用于设置位图的颜色显示模式如图 7-5 所示，颜色位数越少，颜色丰富程度越低，如图 7-6 所示。

图7-5

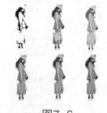

图7-6

（3）递色处理：以模拟的色块数目来显示更多的颜色。

（4）总是叠印黑色：可以在印刷时避免套版不准和露白现象。

（5）透明背景：可以使转换对象背景透明，没有选中该复选框时显示为白色背景。

2. 描摹位图

描摹位图可以把位图当作矢量图形进行操作，单击"位图"菜单项，可以在出现的下拉列表中选择"快速描摹""中心线描摹""轮廓描摹" 3 种方法，如图 7-7 所示。

（1）快速描摹：可以进行一键描摹，描摹完成后，图像上面会出现描摹的矢量图，如图 7-8 所示。

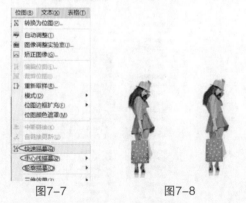

图7-7

图7-8

（2）中心线描摹：可以将对象以线条的形式描摹出来，中心线描摹的方式包括"技术图解"和"线条画"。

选中需要转换的位图，然后单击"位图"菜单项，可以在出现的下拉列表中选择"中心线描摹"→"技术图解"或"中心线描摹"→"线条画"命令，打开"PowerTRACE"对话框，在 PowerTRACE"对话框中调节"细节""平衡""拐角平滑度"的数值，来设置描摹出来的精细程度，然后 在预览图上查看调节效果，调节完成后单击"确定"按钮完成描摹，如图 7-9 与图 7-10 所示。

图7-9

图7-10

（3）轮廓描摹：使用没有轮廓的闭合路径描摹对象，轮廓描摹包括"线条图""徽标""详细徽标""剪切画""低品质图像"和"高品质图像"。

选中需要转换的位图，然后选择"位图"→"轮廓描摹"→"线条图"命令，打开"PowerTRACE"对话框，在 PowerTRACE"对话框中调节"细节""平衡""拐角平滑度"的数值，来设置描摹出来的精细程度，然后在预览图上查看调节效果，调节完成后单击"确定"按钮完成描摹，如图 7-11 与图 7-12 所示。

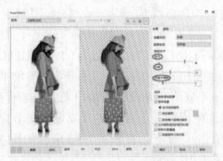

图7-11

图7-12

3. 颜色调整

导入的位图可以在"效果"→"调整"菜单对其进行颜色调整，使颜色更丰富。调整方式有"高反差""局部平衡""取样/目标平衡""调和曲线""亮度/对比度/强度""颜色平衡""伽玛值""色度/饱和度/亮度""所选颜色""替换颜色""取消饱和""通道混合器"，如图 7-13 所示。

图7-13

4. 模糊

模糊是绘图中最常用的效果，可以在"效果"→"模糊"菜单对其进行调整，如图 7-14 所示，包括"定向平滑""高斯式模糊""锯齿状模糊""低通滤波器""动态模糊""放射式模糊""平滑""柔和""缩放"和"智能模糊"。

图7-14

5. 艺术笔触

艺术笔触用于将位图以手工绘画的方法进行转换，创造不同的绘画风格，可以打开相应的笔触进行详细设置。艺术笔触包括"炭笔画""单色蜡笔画""蜡笔画""立体派""印象派""调色刀""彩色蜡笔画""钢笔画""点彩派""木版画""素描""水彩画""水印画""波纹纸画"14 种效果，如图 7-15 所示。

图7-15

7.1.3 任务实现

【步骤1】新建空白文档。设置文档名称为"播放器"，设置"宽度"为310mm、"高度"为200mm。

【步骤2】单击左侧工具栏中的"矩形工具"，在页面创建等大矩形，如图7-16所示，然后填充颜色为（C: 93，M: 88，Y: 89，K: 80），如图7-17所示。

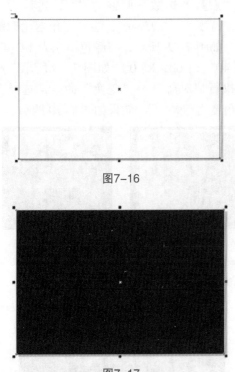

图7-16

图7-17

【步骤3】导入素材"阳光"，选择"位图"→"模糊"命令，添加"高斯模糊"滤镜效果，如图7-18所示，调整合适大小，放置页面上方位置，效果如图7-19所示。

图7-18

制作播放器

图7-19

【步骤4】选择"矩形工具"，单击"圆角"，角度设置为"3mm"，边框设置为"无"，如图7-20所示。在页面下方左侧绘制矩形，如图7-21所示。

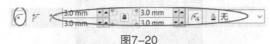

图7-20

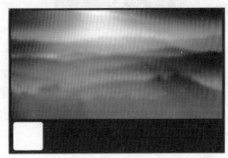

图7-21

【步骤5】打开"颜色填充"对话框，将矩形填充渐变颜色，分别为（C: 81，M: 78，Y: 76，K: 56）（C: 6，M: 5，Y: 4，K: 0），如图7-22与图7-23所示，旋转角度设置为"90°"，效果如图7-24所示。

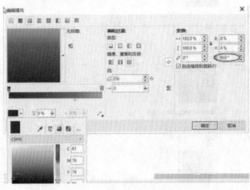

图7-22

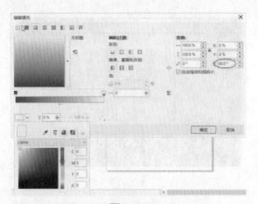

图7-23

图7-24

【步骤6】复制一份矩形图形，适当缩小，添加渐变颜色分别为（C: 40，M: 32，Y: 31，K: 0），（C: 81，M: 78，Y: 76，K: 56），如图7-25与图7-26所示，效果如图7-27所示。

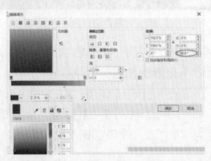

图7-25

图7-26

图7-27

【步骤7】单击"多边形工具"，把属性栏"点数及边数"调整为"3"，边框为黑色，宽度为"0.25mm"，绘制三角形轮廓图形，如图7-28所示，将颜色填充为（C: 0，M: 40，Y: 60，K: 0），如图7-29所示，然后执行"对象"→"变换"命令，选择变换角度为"90°"，效果如图7-30所示。

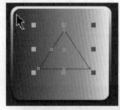

图7-28

图7-29

图7-30

【步骤8】选择"矩形工具"，单击"圆角"，角度设置为"3mm"，边框设置为"无"，在页面下方绘制矩形，如图7-31所示。

图7-31

【步骤9】打开"颜色填充"对话框，将矩形填充渐变颜色，分别为（C：6，M：5，Y：4，K：0）（C：81，M：78，Y：76，K：56），旋转角度为"90°"，效果如图7-32所示。

图7-32

【步骤10】选择"矩形工具"，单击"圆角"，角度设置为"3mm"，边框设置为"无"，在页面下方绘制矩形，如图7-33所示，打开"颜色填充"对话框，将矩形填充渐变颜色，分别为（C：0，M：0，Y：0，K：0）（C：7，M：52，Y：79，K：0）旋转角度为"90°"，如图7-34所示，效果如图7-35所示。

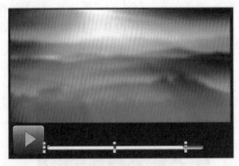

图7-33

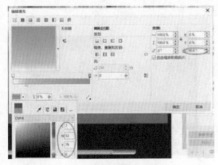

图7-34

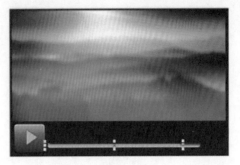

图7-35

【步骤11】选择"矩形工具"，单击"圆角"，角度设置为"3mm"，边框设置为"无"，在页面右侧下方绘制矩形，打开"颜色填充"对话框，将矩形填充渐变颜色，分别为（C：0，M：0，Y：0，K：0）（C：78，M：74，Y：71，K：45），旋转角度为"90°"，如图7-36与图7-37所示，效果如图7-38所示。

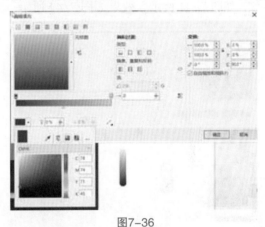

图7-36

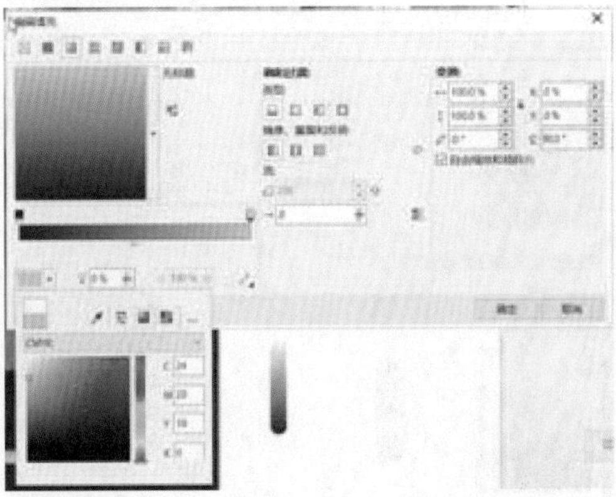

图7-37

图7-38

【步骤12】选择"矩形工具",单击"圆角",角度设置为"3mm",边框设置为"无",在页面右侧下方绘制矩形,如图7-39所示,打开"颜色填充"对话框,将矩形填充渐变颜色,分别为(C:0,M:0,Y:0,K:0)(C:78,M:74,Y:71,K:45),旋转角度为"90°",如图7-40所示,单击左侧工具栏中的"阴影工具"添加阴影,如图7-41所示,效果如图7-42所示。

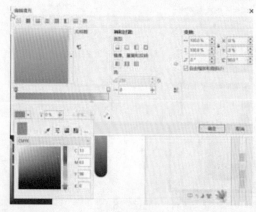

图7-39

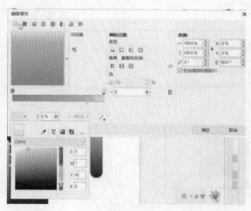

图7-40

图7-41

图7-42

【步骤13】选择"椭圆形工具",轮廓设置为"5mm",在画面中间位置,绘制圆形轮廓图形,颜色填充为灰色,如图7-43所示;选择"多边形工具",把属性栏中的"点数及边数"调整为"3",边框为黑色,宽度为"0.25mm",绘制三角形轮廓图形,旋转角度为"90°",颜色填充为灰色,效果如图7-44所示。

图7-43

图7-44

【步骤14】选择"文本工具",在页面下方输入美术文本,字体为"黑体",如图7-45所示,将颜色填充为白色,调整大小,放置合适位置,完成最终效果如图7-46所示。

图7-45

图7-46

7.2　绘制国画

　　怎样制作一个优美而富有中国风的国画？想要绘制一个国画，该怎样绘制呢？其实很简单，只要熟练地掌握本节所讲解的内容，就可以自己制作了。绘制国画效果如图 7-47 所示。

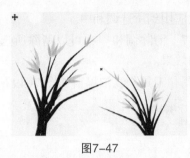

图7-47

7.2.1　任务分析

　　关于"国画"的制作，可以进行如下分析。

　　在"国画"的制作过程中，可以运用"调和工具"来丰富设计效果。

7.2.2　知识储备

1. 调和工具

　　"调和工具" 属性栏如图 7-48 所示。

图7-48

　　（1）预设列表：系统提供的预设调和样式，可以在下拉列表中选择预设选项，包含"直接 8 步长""直接 10 步长""直接 20 步长减速""旋转 90 度""环绕调和"。

　　（2）添加预设 ：单击该图标可以将当前选中的调和对象另存为预设。

　　（3）删除预设 ：单击该图标可以将当前选中的调和样式删除。

　　（4）调和步长 ：用于设置调和效果中的调和步长数和形状之间的偏移距离。激活该功能后，可以在后面的"调和对象"文本框中输入相应的步长数。

　　（5）调和间距 ：用于设置路径中调和步长对象之间的距离。可以在后面的"调和对象"文本框中输入相应的步长数，数值越大，间距越大，分层越明显；数值越小，间距越小，调和越细腻。

　　（6）调和方向 ：在后面的文本框中输入数值，可以设置已调和对象的旋转角度。

　　（7）环绕调和 ：可以将环绕效果添加应用到调和中。

　　（8）路径属性 ：用于将调和好的对象添加到新路径、显示路径等。

　　（9）直接调和 ：可以设置颜色调和与系列为直接颜色渐变。

　　（10）顺时针调和 ：可以设置颜色调和与系列为按色谱顺时针方向渐变。

　　（11）逆时针调和 ：可以设置颜色调和与系列为按色谱逆时针方向渐变。

　　（12）对象和颜色加速 ：单击此按钮，在弹出的对话框中通过移动"对象"和"颜色"可以调整形状和颜色的加速效果。

　　（13）调整加速大小 ：可以调整对象的大小更改变化速率。

　　（14）更多调和选项 ：单击此图标，在弹出的选项中可以进行"映射节点""拆分""熔合始端""熔合末端""沿全路径调和"和"旋转全部对象"。

　　（15）起始和结束属性 ：用于重置调和效果的起点和终止点。

　　（16）复制调和属性 ：可以将其他调

和属性应用到所选调和中。

（17）清除调和 ⊕：可以清除所选对象的调和效果。

"调和工具" ⬚ 泊坞窗如图7-49所示。

图7-49

2. "调和工具" 选项介绍

（1）沿全路径调和 ☑沿全路径调和：沿着整个路径延展调和，此命令只应用于添加路径的调和中。

（2）旋转全部对象 ☐旋转全部对象：沿曲线旋转所有的对象，此命令只应用于添加路径的调和中。

（3）应用于大小 ☐应用于大小：可以把调整的对象加速应用到对象大小。

（4）链接加速 ☑链接加速：可以同时调整对象加速和颜色加速。

（5）重置 重置：将调整的对象加速和颜色加速还原默认设置。

（6）映射节点 映射节点：将起始形状的节点映射到结束形状的节点上。

（7）拆分 拆分：将选中的调和拆

分为两个独立的调和。

（8）熔合始端 熔合始端：熔合拆分或复合始端对象，按住Ctrl键选中中间和始端对象。

（9）熔合末端 熔合末端：熔合拆分或复合末端对象，按住Ctrl键选中中间和末端对象。

（10）始端对象 ⬚：更改或查看调和中的始端对象。

（11）末端对象 ⬚：更改或查看调和中的末端对象。

（12）路径属性 ⬚：用于将调和好的对象添加到新路径、显示路径和分离路径。

3. 调和操作

利用"调和工具"属性栏和泊坞窗相关选项进行操作。

1）变更调和顺序

使用"调和工具"在方形和椭圆形中间进行调和，选中调和对象，然后执行"对象"→"顺序"→"逆序"命令，前后顺序会进行颠倒，如图7-50与图7-51所示。

图7-50

图7-51

2）变更起始和终止对象

在终止对象下面绘制另一个图形，然后单击"调和工具"再选中调和对象，接着在泊坞窗中单击"末端对象"图标中的"新终点"图标，当鼠标指针变成箭头图形时单击，如图7-52所示，调和的终止对象变成另一个图形，如图7-53所示。

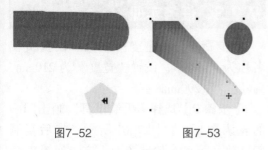

图7-52　　　　　　　图7-53

在起始对象下面绘制另一个图形，然后单击"调和工具"再选中调和对象，接着在泊坞窗中单击"末端对象"图标中的"新起点"图标，当鼠标指针变成箭头图形时单击，如图 7-54 所示，调和的起始对象变成另一个图形，如图 7-55 所示。

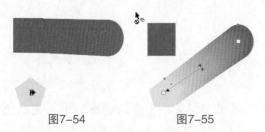

图7-54　　　　　　　图7-55

3）变更调和步长

选中直线调和对象，在属性栏的文本框中显示当前的调和，然后在文本框中输入需要的步长数，按下 Enter 键确定操作，如图 7-56 所示。

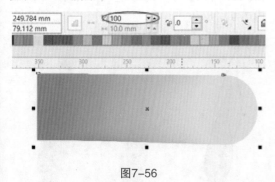

图7-56

4）变更调和间距

选中曲线调和对象，在属性栏中的"调和间距"文本框中输入需要的数值，数值越大，间距越大，分层越明显；数值越小，调和越自然，如图 7-57 与图 7-58 所示。

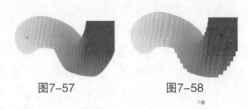

图7-57　　　　　　　图7-58

5）调和对象和颜色加速

选中调和对象，移动轨道，可以同时调整对象加速和颜色加速，也可分别移动对象，对其进行调整，如图 7-59~ 图 7-62 所示。

图7-59

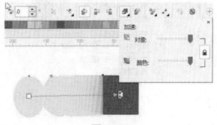

图7-60

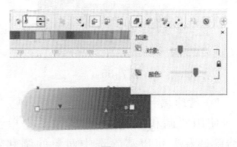

图7-61

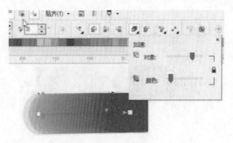

图7-62

6）拆分调和对象

选中需要拆分调和的对象并右击，在弹出的快捷菜单中选择"拆分调和群组"选项，如图7-63所示；接着再右击，在弹出的快捷菜单中选择"取消组合对象"选项，如图7-64所示；完成拆分，效果如图7-65所示。

图7-63

图7-64

图7-65

7）清除调和效果

使用"调和工具"，在属性栏中单击"清除调和"可以清除选中对象的调和效果，如图7-66所示。

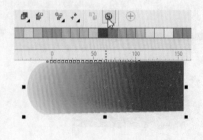

图7-66

7.2.3　任务实现

【步骤1】新建空白文档。设置文档名称为"国画"，设置"宽度"为210mm、"高度"为290mm。

【步骤2】选择"手绘工具"画出国画的轮廓图形，如图7-67所示，然后复制轮廓放在第一个轮廓图形下方，如图7-68所示。

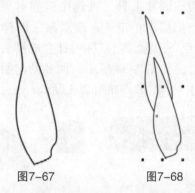

图7-67　　　　　　图7-68

【步骤3】将上面的轮廓图形填充颜色为（C：9，M：0，Y：64，K：0），下面的轮廓图形填充颜色为（C：37，M：11，Y：100，K：0），如图7-69所示，再去掉轮廓线，效果如图7-70所示。

【步骤4】单击左侧工具栏中的"调和工具"，将两个图形进行调和，效果如图7-71所示。

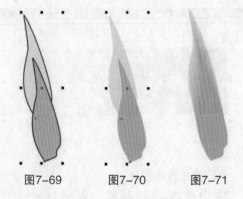

图7-69　　　　图7-70　　　　图7-71

【步骤5】按照以上方法多绘制几个调和图形，效果如图7-72所示。

图7-72

【步骤6】单击左侧工具栏中的"艺术笔"工具，画出枝干，在属性栏中调整笔触数值，如图7-73所示。

图7-73

【步骤7】将画好的花移动到枝干上面，选择合适位置进行复制，角度调整，效果如图7-74与图7-75所示。

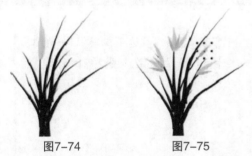

图7-74　　　　图7-75

【步骤8】绘制背景，选择"矩形工具"，创建与页面等大的矩形，打开"编辑填充"对话框，选择"渐变填充"类型为"椭圆渐变填充"，"镜像、重复和翻转"为"默认渐变填充"，颜色设置为（C：2，M：3，Y：18，K：4），单击"确定"按钮，然后去掉轮廓线，效果如图7-76所示。

图7-76

【步骤9】选择"椭圆形工具"在背景上绘制几个轮廓图形，如图7-77所示，然后填充为白色，再去掉轮廓线，选择"透明度工具"，在属性栏中选择"均匀透明度"，创建透明度效果，如图7-78所示。

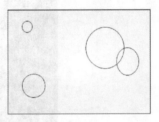

图7-77

图7-78

【步骤10】将前面设计好的图形群组，拖曳到背景上，放在左侧，调整位置、角度，然后再复制一份图形，进行水平反转，放在背景右侧，调整合适角度，完成最终效果如图7-79所示。

图7-79

7.3 课堂练习——制作心情卡

案例提示：使用"美术文本""矩形工具""椭圆形工具""多边形工具""手绘工具""透明度工具""模糊"等完成心情卡的绘制，效果如图7-80所示。

图7-80

▶ **课后练习**

案例提示：使用"美术文本""形状工具""椭圆形工具""多边形工具""手绘工具""透明度工具""阴影""调和工具"等完成圣诞卡的绘制，效果如图7-81所示。

图7-81

第 8 章

应用特殊效果

■制作网店广告

■制作立体文字

■制作名片

■课堂练习——制作吊牌

特殊效果对于平面设计作品无异于是锦上添花，好的平面设计作品一般都具有一些炫酷的效果来吸引人的眼球，CorelDRAW X7 为用户提供了许多特殊效果，在做设计的时候可供选择。本章将通过"制作网店广告""制作立体文字""制作名片"3 个案例进行详细讲解。

> **🔍 学习目标**
>
> 1. 掌握"多边形工具""星形工具""复杂星形工具""图纸工具""基本形状工具""箭头形状工具""流程图形状工具""标题形状工具""标注形状工具""调和效果"的运用。
> 2. 能够运用"星形工具"制作网店广告，能够运用立体化效果制作立体文字，能够运用"贝塞尔工具""弧形工具""文字工具"制作名片。

8.1　制作网店广告

广告的本质有两个，一个是传播，一个是艺术层面。现在很多网站都需要做自己的网店广告来为店面做宣传，从而招揽更多的顾客，有一个个性化的店招，会为你的生意增添色彩。本任务以制作网店广告为切入点，通过网店广告的制作，使读者掌握在 CorelDRAW X7 中星形工具、投影、渐变等操作技巧。网店广告最终效果如图 8-1 所示。

图8-1

8.1.1　任务分析

关于"网店广告"的制作，可以从以下几个方面进行分析。

（1）背景：该任务提供背景素材，体现一种复古又不失时尚的画风。

（2）礼物、美女：礼物主要运用"贝塞尔工具"结合"形状工具"通过绘制、复制、调整得到，整体色调采用五颜六色，传递一种新品上市庆典的气氛，加上矢量图美女体现网店的主题与背景。

（3）文字：主要运用"文字工具""形状工具"进行调整。

（4）金、银、铜：利用"箭头形状"绘制出箭头效果，制作成金、银、铜的颜色，配合投影的使用，体现一种立体效果。

8.1.2　知识储备

1. 多边形工具

"多边形工具"是专门用于绘制多边形的工具，可以自定义多边形的边数。

1）多边形的绘制方法

单击"多边形工具"，将鼠标指针移动到页面空白处，按住鼠标左键进行拖曳，如图 8-2 所示，可以预览多边形大小，确定后松开鼠标完成编辑，如图 8-3 所示。在默认情况下，多边形边数为 5 条（按住 Ctrl 键可以绘制正多边形，也可在属性栏中输入宽度和高度改为正多边形；按住 Shift 键可以以中心为起始点绘制多边形；同时按住 Ctrl+Shift 组合键可以以多边形中心为起始点绘制正多边形）。

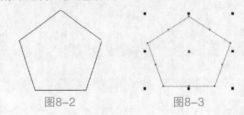

图8-2　　　　　图8-3

2）多边形的设置

"多边形"属性栏如图 8-4 所示。

图8-4

点数或边数：在属性栏中输入数值，可以设置多边形的边数，最少边数为 3，最多边数为 500，边数越多越偏正圆形，如图 8-5 所示。

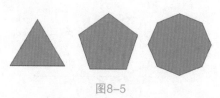

图8-5

3）修饰多边形

多边形和星形、复杂星形都是息息相关的，可利用增加边数配合"形状工具"进行修饰转化。

选择"多边形工具"绘制一个五边形。接着选择"形状工具"，选择线段上的一个节点，按住 Ctrl 键同时按住鼠标左键向内进行拖动，如图 8-6 所示。松开鼠标左键即可得到一个五角星形，如图 8-7 所示。如果边数较多，即可绘制一个惊爆价效果的星形，如图 8-8 所示。还可以在此效果上加入旋转效果，在内侧节点上拖动任意一个节点，按住鼠标左键进行拖动，如图 8-9 所示。

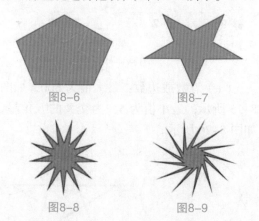

图8-6　　　　图8-7

图8-8　　　　图8-9

"多边形工具"还可以绘制复杂星形，在属性栏上将边数设置为 9，绘制一个正多边形，使用"变形工具"选择多边形任意一个节点进行拖动，如图 8-10 所示，松开鼠标即可得到一个复杂的星形，如图 8-11 所示。

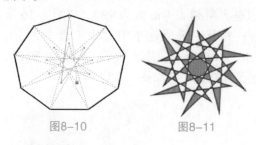

图8-10　　　　图8-11

2. 星形工具

"星形工具"用来绘制规则的星形。

1）绘制星形

单击工具箱中的"星形工具"，将鼠标指针移动到页面空白处，按住鼠标左键进行拖动，如图 8-12 所示，可以预览星形大小，松开鼠标左键完成编辑，如图 8-13 所示。

图8-12　　　　图8-13

在绘制星形时按住 Ctrl 键可以绘制正星形，如图 8-14 所示；也可以在属性栏上输入宽度和高度进行修改，按住 Shift 键可以以中心为起始点绘制一个星形；同时按住 Shift+Ctrl 组合键则是以中心为起始点绘制正星形。

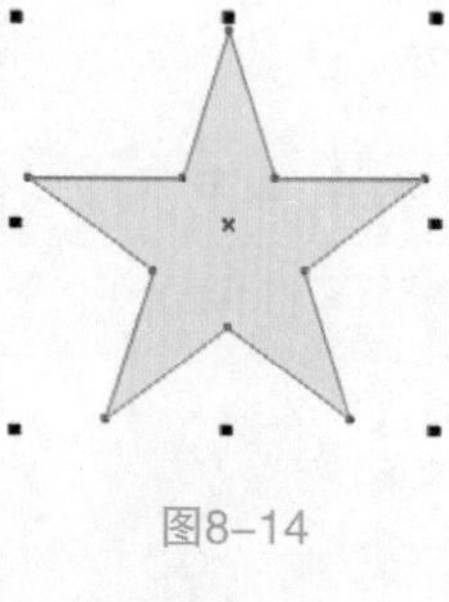

图8-14

2）星形参数设置

"星形工具"属性栏如图 8-15 所示。

图8-15

锐度：是用来控制角的尖锐程度的，数值越大角越尖（最大为99），如图8-16所示；相反，数值越小角越大（最小为1），如图8-17所示，几乎贴平，锐度为50时，数值比较适中，如图8-18所示。

图8-16   图8-17   图8-18

3）制作光晕效果

选择"星形工具"绘制一个正星形，轮廓线为无，然后在"编辑填充"对话框中选择"渐变填充"方式，设置"类型"为"椭圆形渐变填充"，再设置为0%的色标颜色为黄色、"节点位置"为100%的色标颜色为白色，接着单击"确定"按钮完成填充，如图8-19所示。

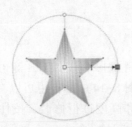
图8-19

在属性栏中设置"点数或边数"为500、"锐度"为53，如图8-20所示。效果如图8-21所示。

图8-20

图8-21

3. 复杂星形工具

"复杂星形工具"用于绘制有交叉边缘的星形，与星形的绘制方法一样。

1）绘制复杂星形

选择"复杂星形工具"，将鼠标指针移动到页面空白处，按住左键拖曳鼠标，如图8-22所示。松开鼠标完成编辑，如图8-23所示。

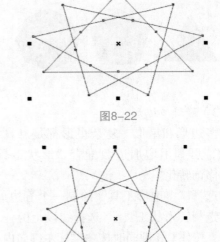
图8-22

图8-23

2）复杂星形的设置

"复杂星形"属性栏如图8-24所示。

图8-24

（1）点数或边数：最大值为500，如图8-25所示；最小值为5，为交叉的五角星，如图8-26所示。

图8-25   图8-26

（2）锐度：最小值为1，边数越大越偏向正圆形，如图8-27所示；最大数值随着边数的增加而增加，如图8-28所示。

如图8-29所示。行数输入"3"，列数输入"5"，效果如图8-30所示。

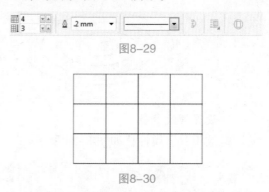

图8-29

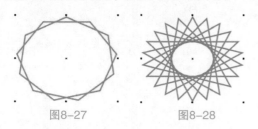

图8-27　　　　图8-28

图8-30

4. 图纸工具

"图纸工具"是用来绘制由矩形组成的网格，格子也可以进行相应的设置。

设置参数：设置网格的行列数有两种方法。

方法一，选择工具箱中的"图纸工具"，然后在属性栏中输入"行数和列数"，

方法二，双击工具箱中的"图纸工具"，打开"选项"对话框，如图8-31所示，然后在"宽度方向单元格数"和"高度方向单元格数"后面输入数值，单击"确定"按钮，即可设置好网格数值。

图8-31

5. 螺纹工具

"螺纹工具"用来绘制特殊的对称式和对数螺旋纹图形。

1）绘制螺纹

选择"螺纹工具"，按住鼠标左键在页面空白处拖曳鼠标，松开鼠标左键完成绘制，如图8-32所示。按住Ctrl键可以绘制圆形螺纹，按住Shift键可以从中心开始绘制螺纹，按住

Shift+Ctrl 组合键可以以中心开始绘制圆形螺纹，如图 8-33 所示。

图8-32　　　　　　　　　　　　　　图8-33

2）设置螺纹参数

"螺纹工具"属性栏如图 8-34 所示。

图8-34

（1）螺纹回圈：用来设置螺纹中完整圆形回圈的圈数，最小为 1，最大为 100，如图 8-35 所示，数值越大，螺纹圈数越密集。

图8-35

（2）对称式螺纹：单击即可激活，螺纹的回圈间距是均匀的，如图 8-36 所示。

（3）对数螺纹：单击即可激活，螺纹的回圈间距是由内向外不断增大的，如图 8-37 所示。

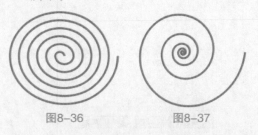

图8-36　　　　　　　图8-37

（4）螺纹扩展参数：只有对数螺纹激活时，螺纹扩展参数才被激活，螺纹扩展参数最小值为 1，内圈间距均匀显示，如图 8-38 所示。最大值为 100，间距内圈最小，越往外越大，如图 8-39 所示。

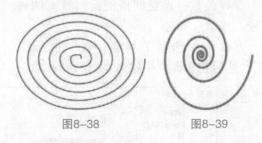

图8-38　　　　　　图8-39

6. 基本形状工具

"基本形状工具"可以快速绘制平行四边形、梯形、心形、圆柱形等，如图 8-40 所示，绘制的形状如图 8-41 所示（个别形状会出现红色轮廓沟槽，通过轮廓沟槽可以修改造型的形状）。

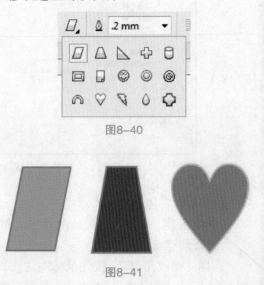

图8-40

图8-41

7. 箭头形状工具

"箭头形状工具"可以快速绘制路标、指示牌、方向引导标识等，如图 8-42 所示（个别形状会出现红色轮廓沟槽，通过轮廓沟槽可以修改形状），绘制的形状效果如图 8-43 所示。

图8-42

图8-43

8. 流程图形状工具

"流程图形状工具"可以快速绘制数据流程图、信息流程图、旗帜等，如图 8-44 所示（个别形状会出现红色轮廓沟槽，通过轮廓沟槽可以修改形状），绘制的形状效果如图 8-45 所示。

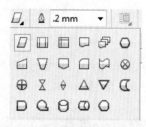

图8-44

图8-45

9. 标题形状

"标题形状"可以快速绘制标题栏、旗帜标语、爆炸效果等，如图 8-46 所示（个别形状会出现红色轮廓沟槽，通过轮廓沟

槽可以修改形状），绘制的形状效果如图 8-47 所示。

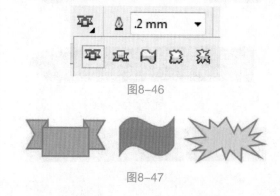

图8-46

图8-47

10. 标注形状

"标注形状"可以快速绘制补充说明和对话框等，如图 4-48 所示（个别形状会出现红色轮廓沟槽，通过轮廓沟槽可以修改形状），绘制的形状效果如图 4-49 所示。

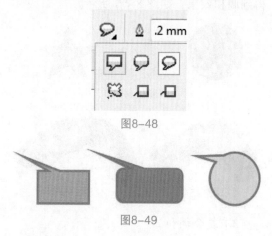

图8-48

图8-49

11. 调和效果

创建任意两个或多个对象之间的颜色和形状过度，包括直线调和、曲线调和及复合调和等多种方式。

1）直线调和

选择"矩形工具"和"椭圆形工具"绘制一个正方形和一个正圆形，如图 8-50 所示。单击"调和工具"，将鼠标指针移动到开始对象上，按住鼠标左键不放向终止对象进行拖曳，如图 8-51 所示。松开鼠标即可得到调和效果，如图 8-52 所示。

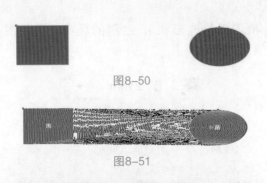

图8-50

图8-51

图8-52

2）曲线调和

单击"调和工具"，将鼠标指针移动到开始对象上，按住 Alt 键不放向终止对象进行拖曳，如图 8-53 所示。拖出曲线路径，进行预览，如图 8-54 所示。松开鼠标即可得到调和效果，如图 8-55 所示。

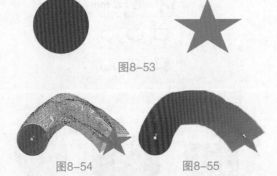

图8-53

图8-54   图8-55

3）复合调和

创建 3 个几何对象，填充不同的颜色，如图 8-56 所示，单击"调和工具"将鼠标指针移动到第一个调和对象上，按住鼠标左键不放拖动到第二个对象上进行调和，如图 8-57 所示。

图8-56

图8-57

在空白处单击取消直线路径选择，然后选择圆形，按住鼠标左键向星形拖曳进行直线调和，如图 8-58 所示。按住 Alt 键向星形创建曲线调和，如图 8-59 所示，效果如图 8-60 所示。

图8-58

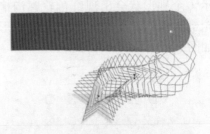

图8-59

图8-60

12. 调和参数设置

在调和后，可以在属性栏中进行参数设置，"调和工具"属性栏如图 8-61 所示。

图8-61

（1）预设：CorelDRAW 提供的调和样式，可以在下拉列表中选择预设选项，如图 8-62 所示。效果如图 8-63 所示。

图8-62

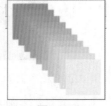

图8-63

（2）添加预设：可以将当前的调和图像另存为预设。

（3）删除预设：可以将当前的调和样式删除。

（4）调和步长：用于设置调和效果中的调和步长数和形状之间的偏移距离，激活该功能可以在后面"调和对象"文本框输入相应的步长数。

（5）调和距离：用于设置路径中调和步长对象间的距离，激活该功能即可输入相应的步长，只应用于"曲线路径"。

（6）调和方向：可以调整已调和对象的旋转角度。

（7）环绕调和：可将环绕效果应用到调和效果中。

（8）直接调和：激活该功能，设置颜色调和序列为直接颜色渐变，如图 8-64 所示。

图8-64

（9）顺时针调和：激活该功能，可设置色调和序列为按色谱顺时针方向颜色渐变，如图 8-65 所示。

图8-65

（10）逆时针调和：激活该功能，设置颜色调和序列为按色谱逆时针方向颜色渐变，如图 8-66 所示。

图8-66

（11）对象和颜色加速：单击该按钮，在弹出对话框中拖曳"对象"和"颜色"后面的滑块，即可调整形状和颜色加速效果，如图 8-67 所示。效果如图 8-68 所示。

图8-67

图8-68

8.1.3　任务实现

1. 制作背景

【步骤 1】新建空白文档，然后设置文档名称为"网店广告"，接着设置页面大小为 354mm × 190mm，如图 8-69 所示。

图8-69

制作网店
广告

【步骤 2】执行"文件"→"导入"命令，导入背景图像，如图 8-70 所示，并且在图像上右击，然后选择"锁定对象"选项，方便以后操作。

图8-70

【步骤3】继续导入"人物.psd"素材，拖曳至如图8-71所示的位置，选择"阴影工具"给人物添加阴影效果。

图8-71

【步骤4】继续导入"礼物.psd"素材，拖曳至如图8-72所示的位置，并为礼物添加阴影效果，选择"贝塞尔工具"绘制如图8-73所示的多条"光束"效果，并且依次填充颜色，效果如图8-74所示。

图8-72

图8-73

图8-74

【步骤5】选择"星形工具"，边数设置为"5"，绘制如图8-75所示的五角星形，并填充颜色。

图8-75

【步骤6】绘制立体星形。选择"星形工具"绘制如图8-76所示的五角星形。选择"形状工具"，在如图8-77所示的位置将内角外扩，选择"交互式填充工具"，设置"渐变填充"颜色为从"深蓝-浅蓝"，如图8-78所示；将五角星进行旋转，效果如图8-79所示。

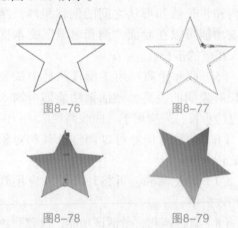

图8-76　　　　图8-77

图8-78　　　　图8-79

【步骤7】选择五角星，按Ctrl+Q组合键将五角星进行转曲，选择"形状工具"将五角星拖曳为如图8-80所示的形状。按住Alt键拖动星形向上复制出一个星形，如图8-81所示。

图8-80

图8-81

【步骤8】选择"调和工具"进行两个星形之间的调和，得到如图 8-82 所示的星形立体效果，去除轮廓色，并将星形群组（Ctrl+G）。选择"阴影"给立体星形添加投影效果，如图 8-83 所示。然后多次复制立体星形，改变调和颜色，分别布置在礼品盒周围，如图 8-84 所示，背景制作完毕。

图8-82

图8-83

图8-84

2. 制作文字

【步骤1】选择"文字工具"输入"新品上市"字样，将文字设置为"微软雅黑，72pt"，如图 8-85 所示，均匀填充颜色，如图 8-86 所示，效果如图 8-87 所示。

图8-85

图8-86

图8-87

【步骤2】调整字间距。选中文字，选择"形状工具"，拖动文字右侧滑块调整字间距，如图 8-88 所示。选择"贝塞尔工具"绘制直线，颜色同文字颜色，如图 8-89 所示。将线段进行旋转，如图 8-90 所示。然后将线段复制，得到如图 8-91 所示的效果。

图8-88

图8-89

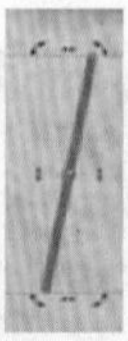

图8-90

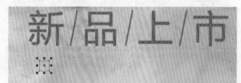

图8-91

【步骤3】选择"矩形工具"绘制如图8-92所示的正方形，然后将正方形旋转45°，得到如图8-93所示的效果。填充白色，去除轮廓色，添加如图8-94所示的文字。

图8-92

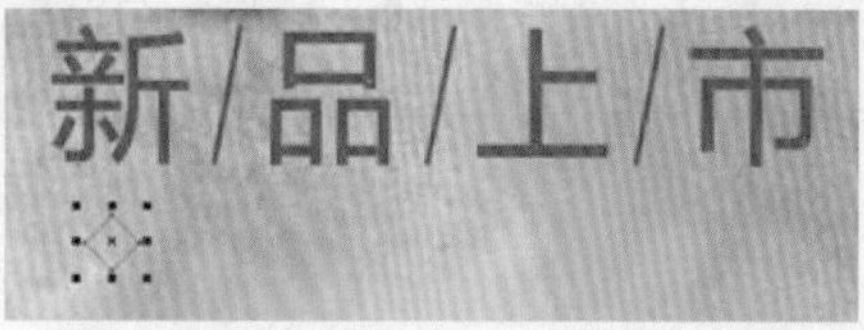

图8-93

图8-94

【步骤4】选择"箭头形状"，如图8-95所示，绘制如图8-96所示的形状。将此形状逆时针旋转45°，如图8-97所示。选择

"交互式填充工具"，充置"渐变填充"颜色从"深红-浅红"，如图8-98与图8-99所示。

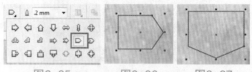

图8-95　　图8-96 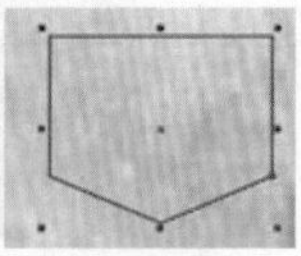　　图8-97

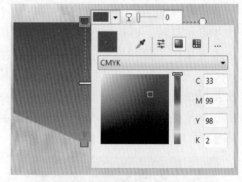

图8-98

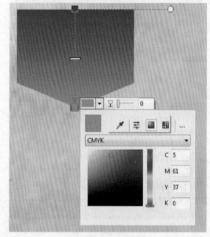

图8-99

【步骤5】选择"文字工具"输入"正品"字样，字体设置为黑体，轮廓色和填充色均为白色，如图8-100所示。选择"矩形工具"绘制如图8-101所示的黑色矩形。

图8-100

图8-101

【步骤6】选择"矩形工具"绘制如图 8-102 所示的黄色圆角矩形，属性栏中的参数设置如图 8-103 所示。选择"文字工具"在黄色矩形上方输入"官方"字样，字体设置为宋体，填充色轮廓色均为白色，如图 8-104 所示。

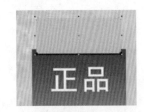

图8-102

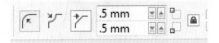

图8-103

图8-104

【步骤7】添加投影效果。分别选中红色形状、黄色矩形、官方字样，选择"阴影工具"为它们添加如图 8-105~ 图 8-107 所示的阴影效果。

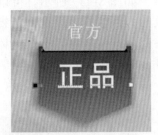

图8-105

图8-106

图8-107

【步骤8】整体效果如图 8-108 所示，将该形状进行群组（Ctrl+G），并复制得到其他两个，将颜色分别更改为绿色和紫色色相，如图 8-109 所示。

图8-108

图8-109

【步骤9】网店广告最终效果如图 8-110 所示。

图8-110

8.2 制作立体文字

立体文字在平面设计作品中运用十分广泛，多应用于海报主题文字的制作，本任务以制作史瑞克立体文字为切入点，通过立体文字的制作，使读者掌握在 CorelDRAW X7 中的立体化工具及其相应属性的设置等操作技巧。立体文字效果如图

8-111 所示。

图8-111

8.2.1 任务分析

关于"立体文字"的制作，主要是针对立体化工具的熟练使用，如何设置灭点、深度等参数来完成立体化效果。

8.2.2 知识储备

立体化效果在标志设计、包装设计、字体设计等领域中的运用相当频繁，因此CorelDRAW X7 提供了强大的立体化效果。"立体化工具"可以为线条、图形、文字等

对象添加立体化效果。

1. 立体效果绘制

首先绘制一个五角星形，选择"立体化工具"，将鼠标指针放在星形中心位置拖动鼠标，预览星形透视效果，如图 8-112 所示。

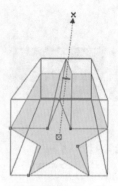

图8-112

2. 属性设置

执行"效果"→"立体化"命令，打开"立体化"泊坞窗进行参数设置，属性栏如图 8-113 所示。

图8-113

（1）立体化类型：共有6种立体化类型可供选择，如图 8-114 所示。

图8-114

（2）深度：可调整立体化的深度，数值范围为 1~99，如图 8-115 所示深度为20，如图 8-116 所示深度为60。

图8-115

图8-116

（3）灭点坐标：在 x 轴和 y 轴文本框中输入数值，如图 8-117 所示。可以更改立体化对象的灭点位置，灭点即透视线消失的点，改变灭点位置可以更改立体化深浅效果，如图 8-118 所示。

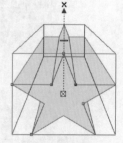

图8-117　　　　图8-118

（4）灭点属性：共有 4 个属性，如图 8-119 所示。

图8-119

①灭点锁定到对象：该对象灭点锁定在对象上，移动对象灭点也随即移动，不会改变透视效果。

②灭点锁定到页面：将该对象的灭点锁定在页面上，移动对象灭点位置不变，会改变对象的透视效果。

③复制灭点，自…：选择该选项，当鼠标指针变为箭头加问号时单击目标对象，将目标对象的灭点属性复制到当前对象中，得到和目标对象相同的透视效果。

④共享灭点：选择该选项，当鼠标指针变为箭头加问号时单击目标对象，可以和目标对象使用同一个灭点。

（5）页面或对象灭点：将灭点的位置锁定到对象或页面中。

（6）立体化旋转：单击该按钮，在弹出的面板中，将鼠标指针移动红色"3"形状上，当鼠标指针变为抓手形状时，按住鼠标左键拖曳，可以调节立体对象的透视角度，如图 8-120 所示。

图8-120

① ：该按钮可以将旋转后的对象恢复到旋转前。

② ：该按钮可以输入精确数值进行精确旋转，如图 8-121 所示。

（7）立体化颜色："立体化颜色"面板如图 8-122 所示。

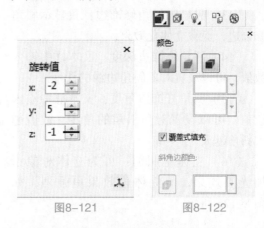

图8-121　　　　图8-122

（8）使用对象填充：将当前对象的填充色应用到整个立体对象上。

（9）使用纯色：可以将选择的颜色填充到立体效果中，如图 8-123 所示。

图8-123

（10）使用递减的颜色：激活该按钮，可以在颜色选项中选择需要的颜色，如图8-124 所示，以渐变形式填充到立体效果上，如图 8-125 所示。

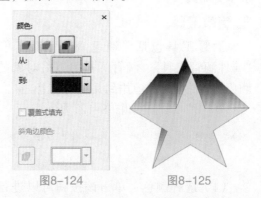

图8-124　　　　图8-125

（11）立体化倾斜：可以为对象添加斜边。

（12）使用斜角修饰边：用来显示斜角修饰边。

（13）只显示斜角修饰边：只显示斜角修饰边，隐藏立体化效果。

（14）斜角修饰边深度：文本框中输入数值，可以设置对象斜角边缘的深度。

（15）斜角修饰边角度：文本框中输入数值，可以设置对角斜角的角度，数值越大斜角越大。

（16）立体化照明：可为立体对象添加光照效果，使立体化效果更强烈，如图8-126所示。

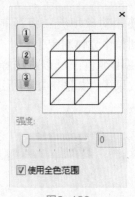

图8-126

（17）光源：单击可为对象添加光源，最多3个。

（18）强度：移动滑块设置光源强度，数值越大，越亮。

（19）使用全色范围：该选项可让阴影效果更加真实。

3. 滴管工具

滴管工具包括"颜色滴管工具"和"属性滴管工具"，滴管工具可以将对象的颜色和属性复制并应用到其他对象上。

"滴管"属性栏如图8-127所示。

图8-127

（1）选择颜色：单击该按钮可以进行颜色取样。

（2）应用颜色：单击该按钮可以将取样的颜色应用到其对象上。

（3）从桌面选择：单击该按钮，不仅可以在文档窗口中吸取颜色，还可以在程序外进行颜色取样（仅在选择颜色模式下使用）。

（4）1*1：单击该按钮，可以对 1×1 像素区域内的平均颜色进行选取。

（5）2*2：单击该按钮，可以对 2×2 像素区域内的平均颜色进行选取。

（6）5*5：单击该按钮，可以对 5×5 像素区域内的平均颜色进行选取。

（7）所选颜色：查看取样的颜色。

（8）添加到调色板：单击该按钮，可以将取样的颜色添加到"文档调色板"或"默认 CMYK 调色板"中，右侧按钮可以显示调色板类型。

8.2.3　任务实现

【步骤1】执行"文件"→"新建"，将纸张方向调整为横向 A4（210mm×297mm）纸。

【步骤2】双击"矩形工具"绘制同画面等大的矩形，如图8-128所示。并选择"填充工具"→"渐变填充"选项，弹出"渐变填充"对话框，如图8-129所示。"从"的颜色为（CMYK：64、5、23、0），如图8-130所示。"到"的颜色为（CMYK：86、48、53、6），如图8-131所示。

图8-128

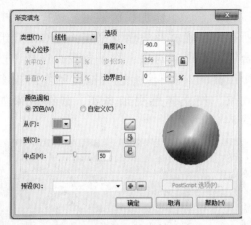

图8-129

图8-130

图8-131

【步骤3】选择"文字工具"输入 "SHREK THIRD"字样,并设置文字为 "黑体,100pt"填充色,轮廓色均为黑色, 效果如图8-132所示。

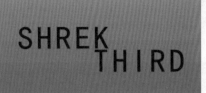

图8-132

【步骤4】选中文字,将文字填充色和 轮廓色都改为浅绿色（CMYK: 37、2、94、 0）,效果如图8-133所示。

图8-133

【步骤5】选中文字,按 Ctrl+Q 组合键, 将其转换为曲线,选择"形状工具"对字 母 E 进行单独调整,得到如图 8-134 所示 的效果。并在"E"下方输入英文"The", 填充色和轮廓色均为（CMYK: 2、17、78、 0）,效果如图 8-135 所示。

图8-134

图8-135

【步骤6】选中"SHREK THIRD",然 后选择"立体化工具"在文字中间向上方 进行拖动,如图 8-136 所示。单击"立体 化"属性栏"颜色"按钮,弹出"颜色" 面板,如图 8-137 所示。然后单击"使用递减的颜色"，从"立体色纯色"到"黑色"渐变，如图8-138所示。英文"The"用同样的方法，效果如图8-139所示。

图8-136

图8-137

图8-138

图8-139

【步骤7】执行"文件"→"导入"→"史瑞克家族"素材，拖动鼠标左键放置如图8-140所示的位置。

图8-140

【步骤8】添加投影效果。选择面板中所有文字素材及史瑞克家族，按Ctrl+G组合键群组所有对象，除了背景，选择"投影工具"，在图像上进行拖曳制作出投影效果，使立体感更加真实，最终效果如图8-141所示。

图8-141

8.3　制作名片

在数字化信息时代，每个人的工作生活都离不开各种类型的信息，名片以其特有的方式传递着企业、个人业务等信息，一张个性的名片设计能很快地把你的个人信息传播出去，给人们的生活带来了极大的方便。本任务以制作名片为切入点，通过名片的制作，使读者掌握在CorelDRAW X7中名片设计常识，以及贝塞尔工具、矩形工具、形状工具等操作技巧。名片最终效果如图8-142与图8-143所示。

图8-142

图8-143

8.3.1　任务分析

关于"名片"的制作，可以从以下几个方面进行分析。

（1）尺寸：根据名片标准尺寸进行创建。

（2）背景形状：主要运用贝塞尔工具结合形状工具通过绘制、复制、调整得到。

（3）文字：主要运用文字工具、形状工具。

（4）标志：运用矩形工具、转圆角及造型泊坞窗制作"零点一"标志。

8.3.2　知识储备

（1）名片标准尺寸：90mm×54mm，90mm×50mm，90mm×45mm。但是加上出血上下左右各2mm，所以制作尺寸必须设定为：94×58mm，94mm×54mm，94mm×48mm。

（2）文案的编排：文案应距离裁切线3mm以上，以免裁切时有文字被切到。稿件确认后，应将文字转换成曲线，以免输出制版时因找不到字型而出现乱码。

（3）最常用的纸张：250g哑粉纸。常用的纸张还有200g、250g等特种艺术纸。

8.3.3　任务实现

1. 制作背景

【步骤1】启动CorelDRAW X7，执行菜单栏中的"文件"→"新建"命令，新建一个文档，在属性栏中设置页面大小为94mm×58mm，页面方向为横向，效果如图8-144所示。

图8-144

【步骤2】双击工具箱中的"矩形工具"按钮，创建一个与页面大小相等的矩形。

【步骤3】单击工具箱中的"填充对话框"按钮，打开"均匀填充"对话框，设置为浅绿色（CMYK：5、0、35、0），效果如图8-145所示。

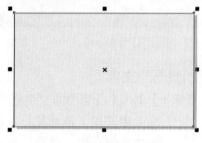

图8-145

【步骤4】设置完成后单击"确定"按钮。然后将矩形的轮廓设置为无，此时矩形的填充效果如图8-146所示。

图8-146

【步骤5】单击工具箱中的"钢笔工具"按钮，在页面中绘制两个封闭图形，如图8-147所示。将其填充为黄绿色（CMYK：

制作名片

15、0、80、0），轮廓色为无，再分别放置到合适位置，效果如图8-148所示。

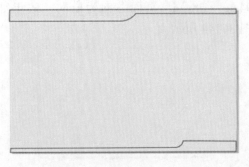
图8-147

图8-148

2. 添加图形与文字

【步骤1】单击工具箱中的"钢笔工具"按钮，按住Shift键并向下拖动鼠标，在页面中绘制一条垂直的直线，设置轮廓色为50%黑色，将其放置到合适位置，效果如图8-149所示。

图8-149

【步骤2】选中直线，执行"对象"→"变换"→"旋转"命令，设置旋转的角度为90°，副本为"1"，如图8-150所示。

图8-150

【步骤3】单击"应用到再制"按钮，然后将旋转后的直线移动放置到合适位置，效果如图8-151所示。

图8-151

【步骤4】单击工具箱中的"椭圆形工具"按钮，按住Shift+Ctrl组合键，在两条线相交的地方绘制正圆形，将其填充为50%黑色，轮廓色为无，效果如图8-152所示。

图8-152

【步骤5】用同样的方法在正圆形周围再绘制一个正圆形，设置正圆形填充为无，轮廓色为50%黑色，效果如图8-153所示。

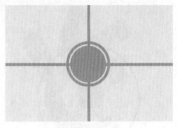

图8-153

【步骤6】将刚绘制的正圆形选中。单击属性栏中的"弧形"按钮,此时正圆形将转换为弧形,效果如图8-154所示。单击"形状工具"按钮,对弧形进行调整,调整后效果如图8-155所示。

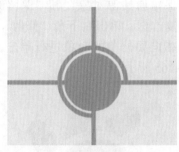

图8-154

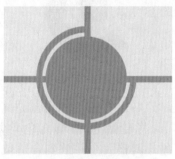

图8-155

【步骤7】单击工具箱中的"文字工具"按钮,在页面中输入文字"李云飞总经理",设置文字大小和字体后,将其填充为黑色并放置到合适位置,效果如图8-156所示。

图8-156

【步骤8】输入其他文字,并调整字体大小、颜色及字间距、字行距,如图8-157所示。

图8-157

3. 制作标志

【步骤1】选择"椭圆形工具"绘制轮廓宽度为2.5mm的正圆形,轮廓颜色为(CMYK:0、100、100、0),如图8-158所示。

图8-158

【步骤2】将刚绘制的正圆形选中。单击属性栏中的"弧形"按钮,此时正圆形将转换为弧形,单击"形状工具"按钮,对弧形进行调整,调整后效果如图8-159所示。

图8-159

【步骤3】选择"矩形工具"按住 Shift 键绘制正方形,单击属性栏中的"圆角"按钮,调整"转角半径"为0.84mm,填充色和轮廓色均为(CMYK:0、100、100、0),效果如图8-160所示。

图8-160

【步骤4】选择"矩形工具"绘制宽度为2.5mm的长方形，单击属性栏中的"圆角"按钮，调整"转角半径"为1.2mm，如图8-161所示。填充色和轮廓色均为（CMYK：0、100、100、0），效果如图8-162所示。

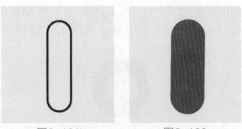

图8-161　　　　　图8-162

【步骤5】选择圆角矩形，分别复制两份，并旋转放置到如图8-163所示的位置。按Ctrl+G组合键对3个圆角矩形进行编组。

图8-163

【步骤6】选择"椭圆形工具"，以小正方形为中心，按住Shift+Ctrl组合键从中心进行等比画圆，得到如图8-164所示的正圆形。

图8-164

【步骤7】选择黑色圆形，执行"窗口"→"泊坞窗"→"造型"命令，弹出"造型"泊坞窗，选择"修剪"命令，取消选中"保留原始源对象"和"保留原目标对象"复选框，单击右下角"修剪"按钮，将指针指向要修剪的对象进行单击，得到如图8-165所示的效果。

图8-165

【步骤8】将整个标志进行编组（Ctrl+G），将轮廓色和填充色均填充为50%黑色，调整大小并放到合适位置，如图8-166所示。至此名片反面制作完成。

图8-166

4. 制作名片正面

【步骤 1】在面板正下方添加 "页 2" 得到一张新的画布，双击 "矩形工具" 创建一个与页面大小相等的矩形，填充色设置为浅绿色（CMYK：5、0、35、0），无轮廓色，效果如图 8-167 所示。

图8-167

【步骤 2】按 Ctrl+C 组合键复制 "页 1" 中的标志，回到 "页 2" 进行（Ctrl+V）粘贴，得到 "零点一" 标志，填充色和轮廓色均为（CMYK：0、100、100、0），调整大小及位置，效果如图 8-168 所示。

图8-168

【步骤 3】选择 "文字工具" 输入 "零点一" 字样，字体设置为 "造字工房映画（非商用）常规体"，字体填充色为黑色，无轮廓色，并选择 "形状工具" 调整字间距，效果如图 8-169 所示。至此名片制作完成。

图8-169

8.4　课堂练习——制作吊牌

案例提示：使用 "透明度" "造型" "矩形工具" "贝塞尔" "形状工具" "文字工具" 等完成吊牌绘制，效果如图 8-170 所示。

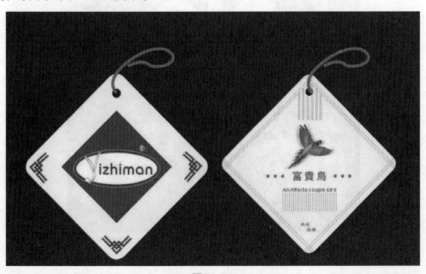

图8-170

一、填空题

1. 在色彩模式中，_____是使用最广泛的一种模式，_____是最佳打印模式。

2. 在 CorelDRAW X7 中手绘工具的快捷键是_____。

3. 在 CorelDRAW X7 中若想查看对象的属性，应该在_____泊坞窗中查看。

4. 为图形添加交互式阴影效果的羽化方向有向外、向内、中间和_____。

5. 交互式变形工具包括"推拉变形""拉链变形"和_____3种方式。

二、选择题

1. 使用挑选工具双击，可以（　　　　）。

A. 选择所有对象　　　　　　　　　　B. 选择当前页面对象

C. 修改选择工具属性　　　　　　　　D. 选择当前页面所有对象

2. 要创建两个对象的颜色和形状过渡效果，应选用（　　　　）。

A. 互动式渐变工具　　　　　　　　　B. 互动式立体化工具

C. 互动式填色工具　　　　　　　　　D. 互动式变形工具

3. 位图组成的基本单位是（　　　　）。

A. 矢量　　　　　　　B. 对象　　　　　　C. 像素　　　　　　D. DPI

三、操作题

制作"促销海报"效果如图 8-171 所示（提示：使用"文字工具""投影"等完成促销海报的绘制）。

图8-171

第 9 章

综合案例实训

■制作房地产广告

■制作书籍封面

■制作礼品包装盒

■课堂练习——制作汽车销售广告

CorelDRAW 是从事平面设计工作者必不可少的矢量绘图排版的软件，它广泛地应用于商标设计、标志制作、模型绘制、插图描画、排版及分色输出等诸多领域。本章将通过"制作房地产广告""制作书籍封面""制作礼品包装盒" 3 个案例对 CorelDRAW X7 的综合使用进行训练。

🔎 **学习目标**

1. 通过综合实践，让学生走出课堂，深入感受"企业"进行相关设计的参与和制作，以及人们潜在的某种需求，发现本身的不足，最终通过本章实践教学活动使学生学会获取客户所表达信息的能力。
2. 熟练掌握 CorelDRAW X7 矢量绘图软件。

9.1 制作房地产广告

房地产行业广告在不同时期有不同的艺术表达，在引导人们消费观念、达到销售目的中发挥着重要作用。现在很多行业也都采用招贴的形式引领大众消费，本任务以制作房地产广告为切入点，通过房地产广告的制作，使读者掌握在 CorelDRAW X7 中制作招贴广告的操作技巧，房地产广告最终效果如图 9-1 所示。

图9-1

制作房地产广告

9.1.1 任务分析

在"房地产广告"的制作过程中，通过文字线条生动的对比关系达到良好的视觉传达效果，对图形、文字、色彩的综合运用制作完成房地产广告。

9.1.2 案例设计

（1）准备阶段：对房地产公司进行前期调研，了解房地产开发商开发的楼盘所在位置，地理位置的优越性。

（2）定位阶段：根据前期调研结果，设计初步策划方案，即宣传亮点、广告语等。

（3）实施阶段：只有透彻了解项目后，才能制作出成功的广告作品，对楼盘分析、小区规划、设计特色、价格策略对症下药。

（4）传播阶段：此时将设计好的电子稿件发到合适的广告公司进行批量印刷，张贴宣传工作。

9.1.3 案例制作

1.制作背景

【步骤1】新建空白文档，纸张尺寸为A4 纸，页面方向为纵向。

【步骤2】双击"矩形工具"创建一个与页面同等大小的矩形，然后选择"交互式填充工具"，弹出"编辑填充"对话框，进行参数设置，如图 9-2 所示，左边滑块数值如图 9-3 所示，右边滑块数值如图 9-4 所示，填充效果如图 9-5 所示，并去除轮廓色。

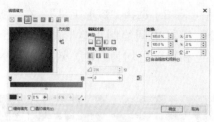

图9-2

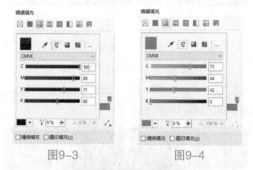

图9-3　　　　　　图9-4

图9-5

【步骤3】执行"文件"→"导入"→"梦幻背景",选择"透明度工具"制作如图9-6所示的效果。

【步骤4】将"梦幻背景"和"渐变背景"进行编组（Ctrl+G），然后右击,在弹出的快捷菜单中选择"锁定对象"选项,此时对象周围出现8个锁形图标,避免以后误操作,效果如图9-7所示。

图9-6　　　　　　图9-7

【步骤5】选择"矩形工具"按住 Ctrl 键绘制正方形,轮廓色为（CMYK：4、0、69、0）,轮廓宽度为 0.5mm,无填充色,并在属性栏中设置旋转角度为45°,如图9-8所示。选择"挑选工具",正方形周围出现8个控制点,对正方形进行变形,效果如图9-9所示。

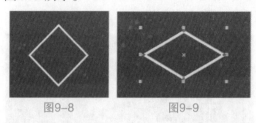

图9-8　　　　　　图9-9

【步骤6】将该矩形向右复制5个,将6个平行四边形选中进行群组,效果如图9-10所示。

图9-10

【步骤7】选择"钢笔工具"绘制一条直线,宽度为 0.5mm,颜色同平行四边形颜色,并将直线水平复制一份,效果如图9-11所示。

图9-11

【步骤8】选择"矩形工具"绘制矩形,填充色为（CMYK：57、86、84、39）,轮廓色为无,效果如图9-12所示。

图9-12

【步骤9】导入"灯"素材,置于褐色色块上方,将两个图形全部选中并群组,效果如图9-13所示。

图9-13

【步骤10】选择"钢笔工具"绘制一个直角，轮廓颜色为（CMYK：4、0、69、0），轮廓宽度为0.75mm，并复制3个置于如图9-14所示的位置。

图9-14

2. 添加文字

【步骤1】选择"文字工具"输入"坐居欧陆风情街，放眼公馆公园景"及"公馆集团以恢弘之气势闪耀登市"等字样，前者字体颜色及轮廓色都为白色，后者填充色为（CMYK：0、60、100、0），无轮廓色，并选择"形状工具"适当调整字间距，效果如图9-15所示。

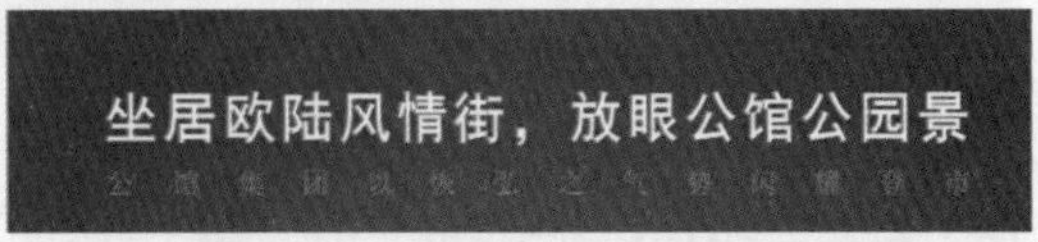

坐居欧陆风情街，放眼公馆公园景

公馆集团以恢弘之气势闪耀登市

图9-15

【步骤2】选择"文字工具"输入"极景 极境"，字体设置为"宋体"，填充色及轮廓色均为白色，效果如图9-16所示。

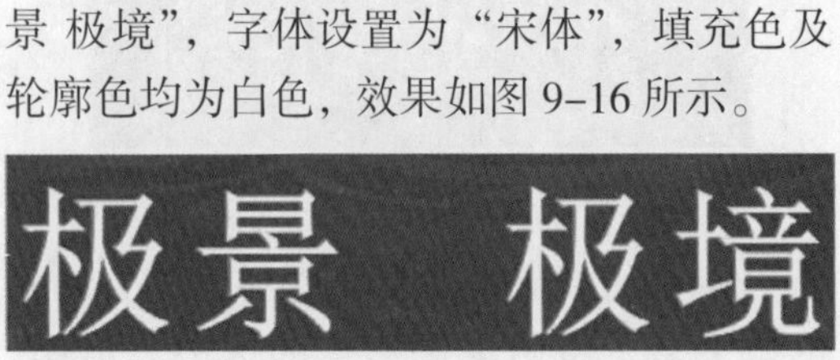

极景　极境

图9-16

【步骤3】选择"矩形工具"，在"极景极境"字样中间绘制正矩形并旋转45°，填充色和轮廓色均为白色，效果如图9-17所示。

极景◆极境

图9-17

【步骤4】选择"钢笔工具"，在"极景 极境"周围绘制不闭合路径，并填充为（CMYK：4、0、69、0），轮廓宽度为0.2mm，效果如图9-18所示。

极景◆极境

图9-18

【步骤5】选择"文字工具"，在"极景极境"文字下方输入"非常空中 非常惬意 非常梦幻 非常舒适"字样，字体为宋体，无轮廓色，填充色为（CMYK：4、0、69、0），效果如图9-19所示。

极景◆极境

非常空中　非常惬意　非常梦幻　非常舒适

图9-19

【步骤6】选择"文字工具"输入"大公馆"，字体设置为"造字工房映画（非商用）常规体"，填充色和轮廓色均为（CMYK：4、0、69、0），选择"形状工具"调整字间距，接着选择"钢笔工具"在字与字之间绘制两条直线，分别放在合适位置，线条颜色与文字颜色相同，轮廓宽度为0.5mm，效果如图9-20所示。

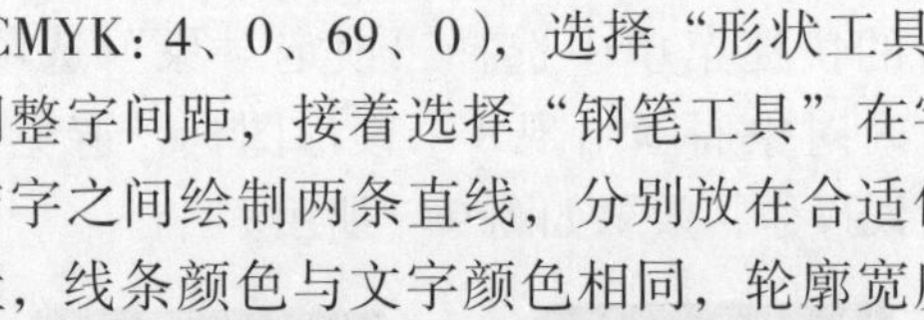

图9-20

【步骤7】用同样的方法输入其他文字，并适当调整字体大小、颜色、字间距及行间距，效果如图 9-21 所示。最终效果如图 9-22 所示。

图9-21

图9-22

9.2　制作书籍封面

一本书是否畅销，封面设计占有极大的比重，书籍封面需要经过全方位的设计，在设计的过程中无论是著名文学还是现代文学，甚至是教科书类书籍，在整个设计过程中要考虑到书籍封面对消费者的吸引力。本任务以制作书籍封面为切入点，通过书籍封面的绘制让读者掌握 CorelDRAW X7 制作封面作品时的设计规范及操作技巧。书籍封面最终效果如图 9-23 所示。

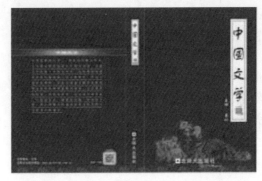

图9-23

9.2.1　任务分析

在"书籍封面"的制作过程中，通过标尺的标准定位，严格按照设计规范排版设计素材，达到良好的视觉传达效果，通过对图形、文字、色彩的综合运用制作完成书籍封面设计。

9.2.2　案例设计

（1）准备阶段：对书籍内容进行前期调研，了解该书籍所针对的人群及书籍内容。

（2）定位阶段：根据前期调研结果，对书籍封面色彩及内容进行定位。

（3）实施阶段：只有透彻了解书籍内容及适合人群后，才能制作出成功的书籍封面。

（4）应用阶段：此时将设计好的电子稿件发到合适的广告公司进行批量印刷，进行封装工作（胶装、起码钉、线装等）。

9.2.3　案例制作

1. 制作书籍封面

【步骤1】启动 CorelDRAW X7 软件，创建一个新文档，大小设置为 185mm × 260mm。印刷前的作品与印刷后的作品的实际大小是不一样的，所以要设置"出血"，印刷后的作品各个边都会被截去 3~4mm 宽度，因此在设计制作之前的宽度和高度应该比实际图形大 6~8mm，对于封

制作书籍封面

面设计，出血通常设置为 3mm，所以在设置时，各个边都增加 3mm 的出血值。

【步骤 2】绘制书籍轮廓，需要借助辅助线，设置如图 9-24 所示的辅助线。书籍轮廓图如图 9-25 所示。（书脊的厚度＝纸张 × 印张数）

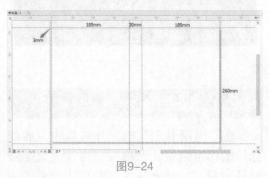

图9-24

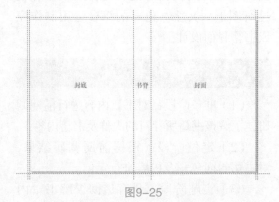

图9-25

【步骤 3】双击"矩形工具"创建一个与画布同等大小的矩形，设置填充色为（CMYK：0、0、0、100），去除轮廓色，效果如图 9-26 所示。

图9-26

【步骤 4】选择"矩形工具"绘制矩形，填充色为白色，无轮廓色，效果如图 9-27 所示。再绘制一个矩形，轮廓色为砖红色（CMYK：54、100、100、45），无填充色，效果如图 9-28 所示。

【步骤 5】选择"文字工具"输入"中国文学"字样，将字体设置为"华文行楷"，字体填充色和轮廓色均为黑色，效果如图 9-29 所示。

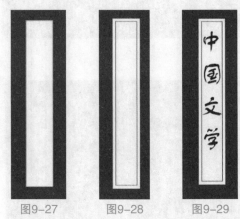

图9-27　　　　图9-28　　　　图9-29

【步骤 6】执行"文件"→"导入"命令，导入"印章"素材，调整至适当大小，放置于"中国文学"下方，效果如图 9-30 所示。

图9-30

【步骤 7】选择"文字工具"输入繁体字"壆"，字体为"微软雅黑"，填充色和轮廓色均为白色，效果如图 9-31 所示。

图9-31

【步骤8】选择"文字工具"输入"主编 王刚"字样，字体为"华文行楷"，字体填充色与轮廓色均为白色，效果如图9-32所示。

图9-32

【步骤9】执行"文件"→"导入"命令，导入图片，将图片适当缩放至合适大小，置于封面底部，选择"透明度工具"，设置均匀透明度为"40"，效果如图9-33所示。

图9-33

【步骤10】选择"文字工具"输入"北师大出版社"字样，字体设置为黑体，字体填充色与轮廓色均为白色，效果如图9-34所示。

图9-34

【步骤11】选择"矩形工具"，按住Shift键绘制正方形，填充颜色为白色，无轮廓色，并按Ctrl+Q组合键将正方形转曲，效果如图9-35所示。

图9-35

【步骤12】选择"形状工具"分别在正方形四条边的中点添加锚点，并以中点为中心在两边各添加一个锚点，效果如图9-36所示。

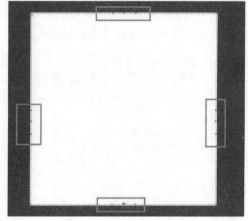

图9-36

【步骤13】选择"形状工具"依次向内拖动四条边的中点，效果如图9-37所示。

图9-37

【步骤 14】选择"椭圆形工具"以该正方形为中心，绘制正圆形，效果如图 9-38 所示。

图9-38

【步骤 15】选择"正圆形"，执行"窗口"→"泊坞窗"→"造型"命令，弹出"造型"泊坞窗，如图 9-39 所示。效果如图 9-40 所示，置于如图 9-41 所示的位置。

图9-39

图9-40

图9-41

【步骤 16】执行"文件"→"导入"命令，导入"纹样"素材，均匀地布置于书籍底部，效果如图 9-42 所示。

图9-42

2. 制作书脊

【步骤 1】将封面的标题全部选中，按 Ctrl+G 组合键进行群组，复制一份，移动到书脊上，适当缩小置于合适位置，效果如图 9-43 所示。

图9-43

【步骤 2】选择出版社名称及标志，进行群组，同样移动到书脊上，将文字选中，单击属性栏中的"将文本更改为垂直方向"按钮，效果如图 9-44 所示。

图9-44

3. 制作封底

【步骤 1】选择"矩形工具"绘制长条矩形，填充白色，无轮廓色，选择"透明度工具"，单击"径向渐变"按钮，效果如图 9-45 所示。

图9-45

【步骤2】选择"直线工具"绘制两条直线，轮廓色为（CMYK：25、47、98、22），轮廓宽度为0.5mm，效果如图9-46所示。

图9-46

【步骤3】选择"文字工具"输入"中国文学"字样，字体为"楷体"，填充色为白色，无轮廓色，如图9-47所示。

图9-47

【步骤4】选择"文字工具"输入以下文字，字体为"宋体"，填充色为白色，无轮廓色，并为每行字添加下画线，效果如图9-48所示。

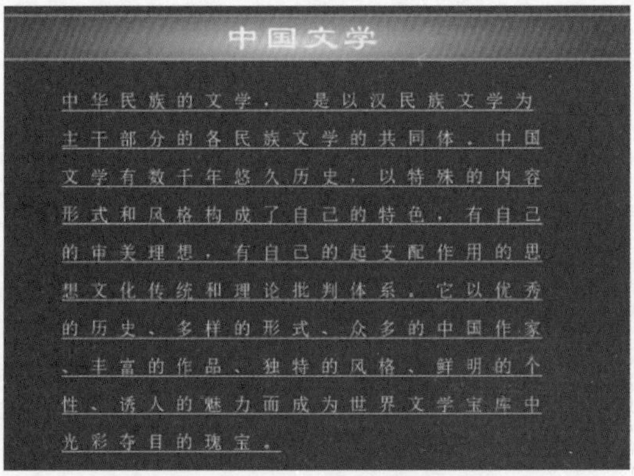

图9-48

【步骤5】执行"文件"→"导入"命令，导入"二维码"素材，放置于封底右下角合适位置，并选择"文字工具"输入"定价：45元"字样，文字为黑体，填充色为白色，无轮廓色，效果如图9-49所示。

图9-49

【步骤6】选择"文字工具"输入其他文字字样，放置于合适位置，如图9-50所示。选择"钢笔工具"绘制两条直线，填充色为10%黑色，如图9-51所示。至此书籍封面设计全部完成，最终效果如图9-52所示。

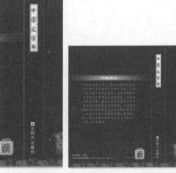

图9-50

图9-51 　　　　图9-52

9.3　制作礼品包装盒

包装设计是以商品的保护、使用、促销为目的，将科学的、社会的、艺术的、心理的诸要素综合起来的专业设计学科。其内容主要有容器造型设计、结构设计、装潢设计等。本任务以礼品包装为切入点，通过礼品包装的绘制使读者掌握在 CorelDRAW X7 中标尺标准制图的操作技巧。礼品包装盒最终效果如图 9-53 所示。

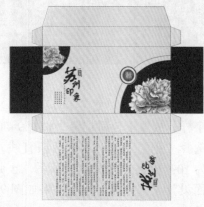

制作礼品
包装盒

图9-53

9.3.1　任务分析

在"礼品包装盒"的绘制过程中，通过标尺进行标准制图，编辑修改对象轮廓线的样式、颜色、宽度、造型等属性使展开图更加精美，从而提高设计制图水平及色彩搭配能力。

9.3.2　案例设计

（1）准备阶段：对礼品包装盒所包产品进行前期调研，了解包装设计规范。

（2）定位阶段：根据前期调研结果，设计初步策划方案，即包装形式、广告语、色彩定位等。

（3）实施阶段：只有透彻了解包装目的后，才能制作出成功的包装作品。

（4）应用阶段：此时将设计好的电子稿件发到合适的广告公司进行批量印刷，压痕、折叠包装。

9.3.3　案例制作

【步骤 1】启动 CorelDRAW X7 软件，创建一个新文档，大小设置为 300mm × 290mm。

【步骤 2】绘制包装轮廓，需要借助辅助线，设置如图 9-54 所示的辅助线。

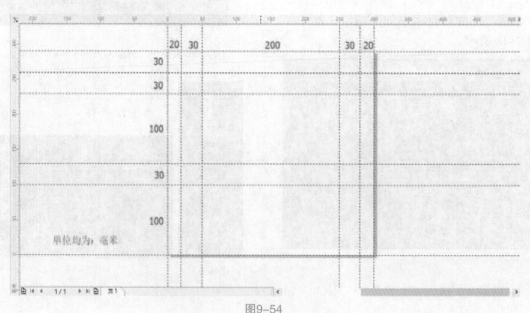

图9-54

【步骤 3】选择"矩形工具"绘制一个超出所见纸张大小的正方形，并填充 10% 黑色，然后右击，在弹出的快捷菜单中选择"锁定对象"选项，方便以后操作，如图 9-55 所示。

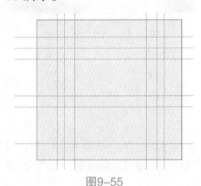

图9-55

【步骤 4】选择"矩形工具"绘制如图 9-56 所示的矩形，拼出礼盒展开图的大体轮廓。

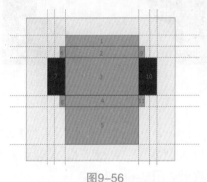

图9-56

【步骤 5】选择第 1 个矩形，按 Ctrl+Q 组合键将矩形转曲，选择"形状工具"，对矩形进行变形收缩 5mm，制作展开图粘贴处，效果如图 9-57 所示。

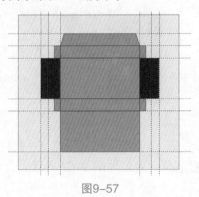

图9-57

【步骤 6】按照步骤 5 的方法对矩形 6、8、9、11 进行变形，制作粘贴处，效果如图 9-58 所示。

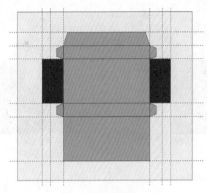

图9-58

【步骤 7】选择"椭圆形工具"，按住 Ctrl 键绘制一个正圆形，单击属性栏中的"饼图"按钮，选择"形状工具"将圆形调整成一个 90° 角的扇形，置于如图 9-59 所示的位置。

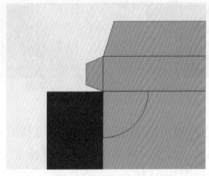

图9-59

【步骤 8】对该扇形填充颜色为（CMYK：59、96、100、53），轮廓色为无，效果如图 9-60 所示。

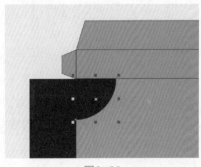

图9-60

【步骤9】复制该扇形，将其移动到右下角位置，并进行旋转放大，效果如图 9-61 所示。

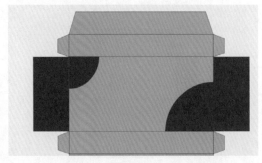

图9-61

【步骤10】选择"钢笔工具"，在右下角扇形外部绘制一个弧线，轮廓填充为（CMYK：0、40、60、20），效果如图 9-62 所示。

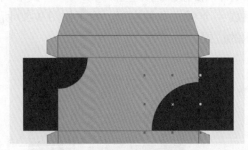

图9-62

【步骤11】选择"矩形 3"为其填充线性渐变（浅黄-深黄-浅黄-深黄），渐变参数如图 9-63 所示。

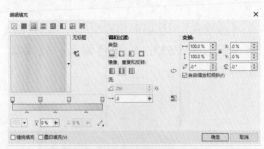

图9-63

【步骤12】选择"属性滴管"为"矩形 1、2、4、5"均填充"矩形 3"的线性渐变，效果如图 9-64 所示。

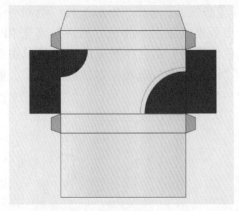

图9-64

【步骤13】为"矩形 6、8、9、11"也填充"矩形 3"的线性渐变，效果如图 9-65 所示。

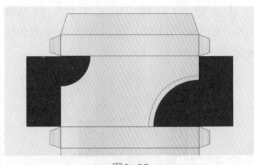

图9-65

【步骤14】执行"文件"→"导入"命令，导入"花 1"素材，拖动到左上角位置，效果如图 9-66 所示。

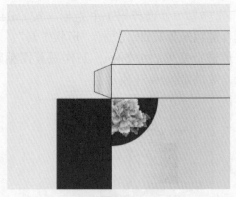

图9-66

【步骤15】继续导入"花 2"素材，放置到右下角，效果如图 9-67 所示。

图9-67

【步骤16】选择"椭圆形工具",在右下角扇形上方绘制正圆形,填充色为(CMYK:6、9、34、0),无轮廓色,效果如图9-68所示。

图9-68

【步骤17】选择"椭圆形工具",以这个圆为中心绘制正圆形,轮廓色为(CMYK:59、96、100、53),无填充色,效果如图9-69所示。

图9-69

【步骤18】选择"椭圆形工具"绘制正圆形,如图9-70所示。选择"交互式工具",按F11键,打开"编辑填充"对话框,参数设置如图9-71所示,效果如图9-72所示。

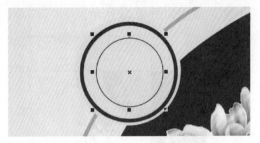

图9-70

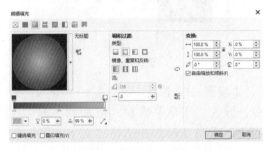

图9-71

图9-72

【步骤19】选择"文字工具"输入"精品礼盒"字样,字体为宋体,填充色与轮廓色均为白色,并选择"投影工具"为文字添加投影效果,如图9-73所示。

图9-73

【步骤20】选择"文字工具"输入"苏州印象"字样,填充色与轮廓色均为(CMYK:59、96、100、53),并适当调整文字位置，效果如图9-74所示。

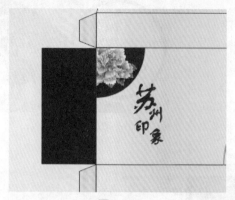

图9-94

【步骤21】执行"文件"→"导入"命令，导入"印章"素材，拖动到"苏"字右边，适当变形，并选择"文字工具"输入"印象"，字体为黑体，填充色为白色，无轮廓色，效果如图9-75所示。

图9-75

【步骤22】选择"文字工具"输入"上有天堂下有苏杭"字样，字体设置为宋体，填充色和轮廓色均为"印章"颜色，用"滴管工具"吸取，效果如图9-76所示。

图9-76

【步骤23】选择"文字工具"输入诗词"自作新词韵最娇，小红低唱我吹箫。曲终过尽松陵路，回首烟波十四桥。"字样，字体为楷体，填充色和轮廓色均为黑色，效果如图9-77所示。

图9-77

【步骤24】将"苏州印象"及"印章"选中并且编组，单击属性栏中的"镜像"按钮，调整位置，效果如图9-78所示。

图9-78

【步骤25】选择"文字工具"输入苏州美食介绍，并进行镜像翻转，效果如图9-79所示。

图9-79

阳澄湖大闸蟹

又名金爪蟹。产于江苏昆山。蟹身不沾泥，俗称清水大蟹，体大膘肥，青壳白肚，金爪黄毛。肉质膏腻，十肢矫健，置于玻璃板上能迅速爬行。每逢金风送爽、菊花盛开之时，正是金爪蟹上市的旺季。农历9月的雌蟹、10月的雄蟹，性腺发育最佳。煮熟凝结，雌者成金黄色，雄者如白玉状，滋味鲜美。

阳澄湖清水大闸蟹，个大体肥，一般三只重500克，大者只重250克以上，最大者可达500克，青背白肚金爪黄毛，十肢矫健，蟹肉丰满，营养丰富。自古以来，阳澄湖大闸蟹即令无数食客为之倾倒，是享誉中国的名牌产品。章太炎夫人汤国黎女士有诗曰："不是阳澄蟹味好，此生何必住苏州。"

新毛芋艿

新毛芋艿是江苏省苏州市太仓市的特产。新毛香籽芋是著名地方品种，以其香味纯、质地糯、品质优的特色，深受上海、浙江和江苏等国内市场的欢迎。

新毛芋艿是太仓的传统农产品，经新毛区农户通过对本地品种改良、系统选育而成的"新毛"香籽芋是著名地方品种，以其香味纯、质地糯、品质优的特色，深受上海、浙江和江苏等国内市场的欢迎。

芋艿营养价值很高，含有各种营养成分，主要是含有丰富的碳水化合物，每100克中含淀粉17.5克，蛋白质2.2克，比一般蔬菜高，因而芋头既可当粮食，又可做蔬菜，是老幼皆宜的滋补品，秋补素食一宝。芋艿还富含蛋白质、钙、铁、维生素C、维生素B1、维生素B2等多种成分。祖国医学认为，芋艿性甘、辛、平，入肠、胃，具有益胃、宽肠、补中益肝肾、添精益髓等功效。对辅助治疗大便干结、甲状腺肿大、乳腺炎、急性关节炎等病症有一定作用。

【步骤26】将最初绘制的正方形解锁删除，得到最终礼品包装盒展开图，如图9-80所示。

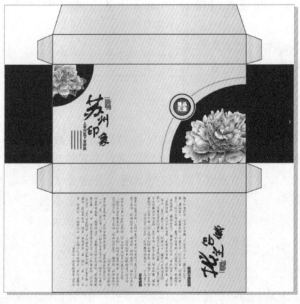

图9-80

9.4　课堂练习——制作汽车销售广告

案例提示：使用"步长和重复""交互式渐变""椭圆形工具""矩形工具""造型""透明度工具"等完成汽车销售广告的绘制，效果如图9–81所示。

图9–81

▶ 课后练习

一、填空题

1. 为段落文本添加项目符号时，该项目符号可以定义的内容有_____、_____、_____。

2. CorelDRAW X7 中文字类型有_____、_____。

3. 设置字体大小的快捷键有_____、_____、_____。

二、选择题

1. 对美工文字使用封套，结果是（　　　）。

A. 美工文本转为段落文本　　　　　　B. 文字转为曲线

C. 文字形状改变　　　　　　　　　　D. 没有作用

2. 在 CorelDRAW X7 中使用"转换为位图"会造成（　　　）。

A. 分辨率损失　　　　　　　　　　　B. 图像大小损失

C. 色彩损失　　　　　　　　　　　　D. 什么都不损失

3. "位图色彩遮罩"命令在（　　）菜单里。

A. 颜色　　　　　　B. 版面　　　　　　C. 位图　　　　　　D. 调整

三、操作题

制作"甜点招贴"效果如图 9-82 所示（提示：使用"矩形工具""透明工具""文字工具"等完成甜点招贴的绘制）。

图9-82